图说精益管理系列

一

精益安全管理
实战手册

（图解升级版）

杨 华 —— 主编

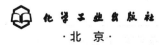

化学工业出版社

·北京·

内容简介

　　《精益安全管理实战手册（图解升级版）》一书由导读（怎样做好精益安全管理）和精益安全管理理念认知、精益安全教育、安全生产目视化管理、危险源预知预防、安全生产检查与隐患排除、设备安全管理、危险化学品安全管理、消防安全管理、职业健康安全管理、生产事故应急与处理等内容组成。

　　本书内容深入浅出、文字浅显易懂，注重实操性，具有较强的借鉴意义。作者将深奥的理论用平实的语言叙述，让初次接触精益安全管理的人员能一目了然。同时，本书利用图解的方式，能使读者阅读更轻松透彻、应用更方便。另外，本书特别突出了企业在管理实践过程中的实际操作要领，读者可以结合自身情况分析和学习，并直接应用于实际工作当中。

图书在版编目（CIP）数据

精益安全管理实战手册：图解升级版／杨华主编
．—北京：化学工业出版社，2024.1
（图说精益管理系列）
ISBN 978-7-122-44404-2

Ⅰ.① 精… Ⅱ.① 杨… Ⅲ.① 生产管理-安全管理-
手册 Ⅳ.① X92-62

中国国家版本馆CIP数据核字（2023）第214597号

责任编辑：陈　蕾　夏明慧　　　　　　装帧设计：溢思视觉设计／程超
责任校对：杜杏然

出版发行：化学工业出版社（北京市东城区青年湖南街13号　邮政编码100011）
印　　刷：北京云浩印刷有限责任公司
装　　订：三河市振勇印装有限公司
787mm×1092mm　1/16　印张15¼　字数288千字
2024年3月北京第1版第1次印刷

购书咨询：010-64518888　　　　　　售后服务：010-64518899
网　　址：http://www.cip.com.cn
凡购买本书，如有缺损质量问题，本社销售中心负责调换。

前言

　　制造业是立国之本、兴国之器、强国之基。打造高水准的制造业体系，是提升国家综合国力与核心竞争力、保障国家安全和促进可持续发展的必由之路。中国制造不仅实现了数量扩张，而且在质量上也有了显著提升。然而近年来，市场和竞争格局的变化，对中国制造提出了严峻的挑战，迫使中国制造的竞争重心向中高端产品和中高端市场转移。

　　那么中国制造应该如何制胜中高端产品和中高端市场呢？关键在于可靠的品质以及合理的成本。为了实现这两点，中国制造需要从硬件和软件两方面入手。

　　首先，在硬件上提升装备水平，即通过大幅投资生产设备来提高产品质量和生产效率。其次，在软件上提高生产管理水平，普及卓越绩效、六西格玛、精益管理、质量诊断、质量持续改进等先进生产管理模式和方法，即通过完善内部管理手段和提高管理能力来实现产品质量及生产效率的提升。

　　其中的精益管理要求企业的各项活动都必须运用"精益思维"（lean thinking）。"精益思维"的核心就是以最小资源投入，包括人力、设备、资金、材料、时间和空间，创造出尽可能多的价值，为顾客提供新产品和及时的服务。其最终目标必然是企业利润的最大化，但管理中的具体目标，则是通过消灭生产中的一切浪费来实现成本的最低化。

　　很多的企业在追求精益管理，但是效果不佳。基于中国企业精益管理的现状，为适应智能制造和管理升级的需要，我们组织相关制造业咨询专家，结合制造业实际情况，编写了本书。

　　本书的特点是内容深入浅出，文字浅显易懂，注重实操性，具有很强的借鉴意义。笔者将深奥的理论用平实的语言讲出来，让初次接触精益管理的企业管理人员也能看得懂。同时，本书利用图解的方式，能使读者阅读更轻松、理解更透彻、应用更方便。另外，本书特别突出了企业在管理实践过程中的实际操作要领，读者可以结合自身情况进行分析和学习，并直接应用于工作中，具有很高的参考价值。

　　《精益安全管理实战手册（图解升级版）》一书包括导读（怎样做好精益安全管理）、

精益安全管理理念认知、精益安全教育、安全生产目视化管理、危险源预知预防、安全生产检查与隐患排除、设备安全管理、危险化学品安全管理、消防安全管理、职业健康安全管理、生产事故应急与处理等内容。

由于笔者水平有限，加之时间仓促，书中难免出现疏漏，敬请读者批评指正。

编者

目 录

怎样做好精益安全管理

情景导入

　　小张是一家电子厂的员工,现在正作为该厂的代表,参加由市总工会举办的"××市优秀员工安全管理培训班"的培训。

　　"大家好,我是杨华,是这次负责给大家培训的老师。在今后的三天里,将由我和大家共同探讨学习。如果不介意,就请叫我'杨老师'吧! 在座的各位都是来自一线的员工,相信都是公司的佼佼者! 所以,今天很荣幸能与各位共同分享知识和交流经验。"杨老师做了简单的开场白,"好了,现在轮到各位做自我介绍了! 请大家放松,相信通过这三天的学习,我们彼此都会成为好朋友,所以不必拘谨。"杨老师说道。

　　"好的,请第二排穿白衬衣的男士做一下自我介绍,大家欢迎!"有一位学员举了手,杨老师便叫他做自我介绍。

　　"大家好! 很高兴认识各位,我叫李××,来自××公司,我们公司是一家摩托车配件厂。以后大家就叫我'小李'吧! 希望在这三天的学习中,我们都能成为好朋友!"学员小李开了一个很好的头。

　　"我叫孙××,很高兴认识大家,我所在的公司是一家安防电子公司。以后大家就叫我'小孙'吧!"学员小孙的自我介绍言简意赅。

　　……

1

大家纷纷做完了自我介绍。

"听完大家的自我介绍，我觉得都说得很好，不愧都是各家公司优秀的员工！现在，我们开始进入正题。今天，我们的第一堂课，就是请大家讨论'工厂应该如何做好安全管理'。"杨老师说道。

"我认为首先要了解什么是安全管理及做好员工的安全培训，然后抓生产的细节，在每一个环节做好安全管理。""我认为精益安全管理，一定要……"大家都纷纷发表自己的看法。

"好！现在请各位用一句话概括，将你们所认为的精益安全管理的内容写在纸上，我会进行一个小小的统计。现在，请写好之后交给我，然后休息十分钟，咱们继续讨论。"

……

"好的，我刚才已经将大家的看法做了一个小小的汇总并进行了分类。

关于精益安全管理的内容，主要包括以下八个方面，即精益安全理念、基础知识、用电安全、设备安全、危险化学品管理、工厂消防安全、危险源管理、安全生产检查、员工职业健康等。在接下来的课程中，我将同大家一起进行学习讨论。"

备注：人物简介

（1）杨老师：杨老师是××咨询公司首席顾问，多家培训机构的签约培训师，服务过多家大型企业。杨老师授课诙谐幽默、针对性强，能把管理当故事讲。他通过理论与实际的整合，形成了一套可行的、实战的精益安全管理运作模式，这种模式受到各地企业界和政府部门的热烈响应，并得到一致好评。

（2）小张：小张是某家电子厂的员工，这次作为该厂的优秀员工来参加培训。

（3）其他员工：本书情景导入中的小李、小孙等均为参加本次培训的员工。

第一章

精益安全管理
理念认知

情景导入

　　大家自我介绍完毕，就开始正式上课。每个人的时间宝贵，杨老师不想浪费任何时间。

　　一开始上课，杨老师就提了一个问题："大家可否知道什么是精益安全管理？精益安全管理与传统安全管理有什么区别呢？"

　　大家纷纷议论，却没说到点子上。

　　杨老师说："所谓精益安全管理，即以先进的精益管理理念为指导，以追求'零缺陷、零隐患、零伤害'为目的……"

　　"精益安全管理注重学习型组织和团队建设，注重人才培养、构建和谐现场。提倡并践行'管理者，首先是培训师'、做'有感领导'等管理理念，通过推行'安全行为观察'、安全分享等精益管理方法，着力打造安全和谐的作业现场。

　　"在企业各项管理活动中，安全管理与生产管理、成本管理、质量管理等其他管理相比，其最大的不同有三点：一是'安全，永远没有回头的路'，人身伤害事故一旦发生，再也无法弥补，不可重新再来；二是'安全是一种常态'，当人们全身心忙于紧张的工作时，往往会把安全状态当作是自然而然的事，忽视危险的存在，进而产生懈怠；三是'1000-1=0'。链条原理告诉我们：链条中的任何一个环节失效都会导致整个链条断裂。安全管理要求企业中的每一名员工都要参与进来……"

　　大家听杨老师这么一解释，立即来了精神。因为他们以前也参加过类似的培训，每次都没什么收获，但迫于领导的压力还不得不去，但这位老师的见解就是不一样，看来，可以学点真知识回去了！

第一节　精益安全管理认知

一、精益安全管理的概念

精益安全管理即以先进的精益管理理念为指导，以追求"零缺陷、零隐患、零伤害"为目的，运用精益管理的方法和工具，通过不断学习和持续改善，彻底消除浪费和现场隐患，实现现场清洁、过程稳定、指标先进、团队卓越的绩效改进目标，努力创建思想无懈怠、制度无漏洞、工艺无缺陷、行为无差错、设备无隐患的持续安全型企业。

精益安全管理的主要特征是：

（1）以作业现场为中心；

（2）以行为控制为重点；

（3）以流程优化为手段；

（4）以绩效改进为目标；

（5）重行动体验和细节。

二、精益安全管理与传统安全管理

企业在长期的安全生产实践中，总结出了一套适合自身实际的安全管理的做法和体系，形成了具有自身特色的企业安全文化。

那么，精益安全的理念和方法与传统安全管理有什么不同呢？具体如图1-1所示。

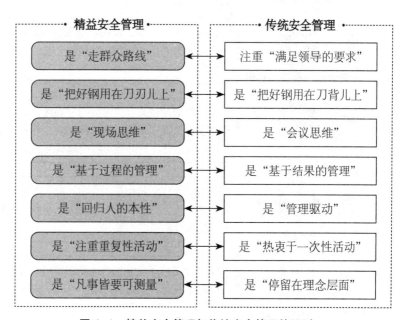

精益安全管理	传统安全管理
是"走群众路线"	注重"满足领导的要求"
是"把好钢用在刀刃儿上"	是"把好钢用在刀背儿上"
是"现场思维"	是"会议思维"
是"基于过程的管理"	是"基于结果的管理"
是"回归人的本性"	是"管理驱动"
是"注重重复性活动"	是"热衷于一次性活动"
是"凡事皆要可测量"	是"停留在理念层面"

图1-1　精益安全管理与传统安全管理的区别

第二节　精益安全意识

一、安全意识的内涵

安全意识是从企业高层主管到每一位普通员工对安全工作方面的认识和理解，强烈的安全意识能够使员工留意日常工作中的安全隐患，并及时上报处理，以避免安全事故的发生；而反之，员工安全意识薄弱则会降低企业的安全管理水平，极易导致安全事故的发生。

因此，加强安全意识培训对企业的安全管理工作至关重要。安全意识涉及面非常广泛，其内涵具体如图1-2所示。安全理念的宣传和提醒如图1-3所示。

安全第一意识　安全第一意识就是要求企业所有人员，都要确立"安全就是生命"的思想，坚持把安全作为企业生存和发展的第一要素来抓，当生产和安全发生矛盾时，生产要让位于安全

安全效益意识　安全是一种生产力，安全投入是有一定产出的，它体现在：一方面是事故发生率降低，损失减少；另一方面是安全方面的投入具有明显的增值作用，可以提高作业人员的工作效率

安全依靠科技的意识　因施工工艺粗糙，设备性能质量差，生产安全得不到保障，利用先进的生产设备和合格的工艺，可大幅度降低安全的事故率

安全法治意识　安全法治是企业安全管理的中心环节，企业全体员工应切实遵守和执行国家的安全法律法规，并对安全事故的责任者依法追究责任，同时要不断提高员工的安全法律法规知识水平

安全道德意识　安全道德意识是指在工作中，员工不使自己受到伤害，也不伤害别人，凡事都以安全为先，不断学习业务技能，提高自身的安全防范能力等

安全管理长期性意识　安全管理贯穿企业生产活动的始终，要做好安全管理，必须着眼于长远，制订长期安全计划、安全目标，从而持续不断地提高企业安全管理水平

图1-2　安全意识的内涵

图 1-3　安全理念的宣传和提醒（一）

二、员工安全意识薄弱的表现

企业之所以要加强安全意识教育，原因往往在于员工安全意识薄弱，具体表现如图1-4所示。

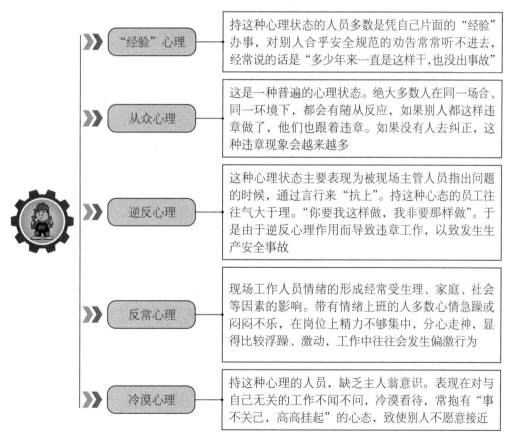

"经验"心理	持这种心理状态的人员多数是凭自己片面的"经验"办事，对别人合乎安全规范的劝告常常听不进去，经常说的话是"多少年来一直是这样干，也没出事故"
从众心理	这是一种普遍的心理状态。绝大多数人在同一场合、同一环境下，都会有随从反应，如果别人都这样违章做了，他们也跟着违章。如果没有人去纠正，这种违章现象会越来越多
逆反心理	这种心理状态主要表现为被现场主管人员指出问题的时候，通过言行来"抗上"。持这种心态的员工往往气大于理。"你要我这样做，我非要那样做"。于是由于逆反心理作用而导致违章工作，以致发生生产安全事故
反常心理	现场工作人员情绪的形成经常受生理、家庭、社会等因素的影响。带有情绪上班的人多数心情急躁或闷闷不乐，在岗位上精力不够集中，分心走神，显得比较浮躁、激动，工作中往往会发生偏激行为
冷漠心理	持这种心理的人员，缺乏主人翁意识。表现在对与自己无关的工作不闻不问，冷漠看待，常抱有"事不关己，高高挂起"的心态，致使别人不愿意接近

图 1-4　员工安全意识薄弱的表现

三、员工安全意识薄弱的常见原因

安全意识薄弱在很多企业中非常普遍，这往往由以下原因导致，具体如图1-5所示。

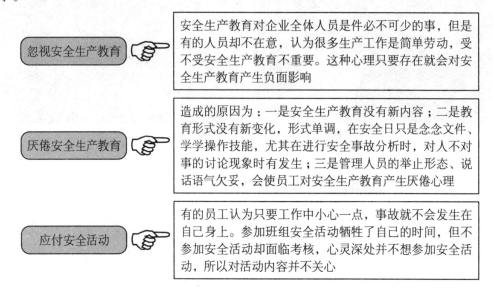

图 1-5　员工安全意识薄弱的常见原因

四、提高员工安全意识的措施

提高员工安全意识是指企业要采取各种方法、手段或技巧，利用各种时机来对员工进行安全意识的教育，从而使员工重视安全工作。提高员工安全意识的措施如图1-6所示。

图 1-6　提高员工安全意识的措施

1. 加强安全生产的宣传

企业要大力开展安全生产法律法规的宣传教育，在企业营造"安全生产，以人为本"的安全文化氛围，把安全提高到一个全新的高度，使全体人员能够认识到安全的重要程度，如图1-7所示。

图 1-7　安全理念的宣传和提醒（二）

2.对员工普及安全知识

企业要采取开办安全讲座、张贴安全标语和宣传画等方式向员工传授安全常识，如安全生产"三不伤害""四不放过""五不干""十条禁令"（图1-8），以及员工平时怎样提高自我保护等，把一些常用的、实用的安全知识传授给员工，容易被员工理解和接受，对提高安全意识有很好的作用。

图 1-8　"三不伤害""四不放过""五不干""十条禁令"

3. 加强员工责任意识教育

责任，是一名优秀企业员工的第一行为准则。当然，责任也是员工能否提高安全意识的第一个重要因素。如果只本着"过得去""差不多"的想法，认为安全工作只要做到没有出现安全事故就行，甚至还存在着只要自己不出安全事故就无所谓的态度，"事不关己，高高挂起"，其结果就只是永远原地踏步，工作不会有实质性的提高。安全意识的落后导致安全管理等各项工作的滞后和不到位，因此安全事件、事故就会时不时地发生在这些责任体上，这样是做不到安全局面的可控和在控的。

所以，企业必须采取有效措施，加强基础管理工作，建立健全严密规范的安全制度，强化安全责任制的落实，形成有效的安全保障机制；安全管理工作必须按照制度化、规范化、科学化、精细化来扎实开展，依据各项安全规程、操作规程及企业制度，严格规范安全生产行为，努力推行安全标准化工作，提升安全生产管理水平；把企业的日常性、定期性安全管理工作做实、做到位，不走过场、不搞应付，是保证安全生产的基本要求；一定要按照现代化企业的管理要求，对员工加强安全教育，尽全力规范员工的日常工作行为。

员工要心怀责任，首先要认清岗位安全职责之重，让责任意识促使安全意识的到位和提高（图1-9）。

图1-9　员工安全责任意识宣传

4. 坚持"四不放过"的原则

"四不放过"也就是事故原因未查清不放过、事故责任人未处理不放过、整改措施未落实不放过、有关人员未受到教育不放过。在提高员工安全生产意识的教育中，坚持"四不放过"同样能达到遏止事故的目的，具体如图1-10所示。

1. 通过"四不放过"可以查清事故发生的原因，事故发生在哪一层、哪一个环节上，是人为造成的还是设备隐患造成的，以便在以后的工作中知道应该怎样做、不应该怎么做，避免事故的再次发生

2. 通过"四不放过"可以进一步对安全生产工作存在的不足进行整改，没有采取安全防范措施的要立即采取措施，避免事故的发生

3. 通过"四不放过"可以使事故责任者受到深刻教育，使违章人员从思想深处挖掘自己的过失，知道工作时违反了规程的哪条哪项，为什么会违反，以后在工作中怎样对待安全生产工作，从而提高自身的安全生产意识

4. 坚持"四不放过"，并不单单是为了使违章人受到处罚，而是想告诫违章人员，规程、规定及规章制度是用血的教训写成的，任何人只能无条件地服从，触犯了必将受到严肃处理。这样可使事故责任者和他人受到教育，从而进一步提高员工安全生产的自觉性

图 1-10 "四不放过"的作用

5. 树立差距意识

没有比较，就没有差距感，就没有进步，就做不到与时俱进。随着社会的不断发展，社会对企业的要求越来越高，行业之间、企业之间的竞争越来越大，逆水行舟不进则退，企业要经常与标准要求对比，与同类企业对比，企业的二级责任体、员工也需针对所承担和所负的职能、职责，与先进比、横向比，找到差距才能制定出措施，做到有的放矢。

我们在工作中不难发现，一些事很容易被惯性思维所拘束，总认为凭经验在安全方面已经管得或做得到位了，不愿去想就看不到与标准要求的差距，欠缺反省的意识就谈不上自我整改，事故往往就发生在这些思维僵化的管理者或作业者身上，因为没有认识到故步自封可能带来的安全隐患。企业必须通过"安全检查"和"找差距"等大讨论活动，做到"眼睛向内挑问题，对照标准找差距，开动脑筋想办法，当机立断出措施，认认真真抓落实"，杜绝各类安全事故的发生。

6. 突出行动意识

说得再多、讲得再好，都是虚的，要把这些嘴上说的、纸上写的贯彻落实下去，才能达到实效，关键要有行动意识。

先要做到职责明确、分工到位，从自我负责做起，加强相互协调，达到逐级负责的目的；认真、细致地对待每一项具体工作，持之以恒地对待管理类的工作，不畏难题地开展工作，这样坚持不懈下去才有可能形成安全生产的长效机制。针对已发生的事故、所存在的安全隐患，要深入分析，举一反三，从专业方面找原因，从管理上找原因；在遇到安全方面的难题时，该采取措施时绝不能拖泥带水、该决不决，以致失去最佳的处理和解决机会，从而使小问题拖成大问题，简单问题变成复杂问题、变成老大难的问题。

第三节　精益安全之行为安全

一、不安全行为产生的原因

不安全行为产生的原因较为复杂，是多方面因素综合作用的结果。其中有个体内在因素，如生理因素、心理因素、知识和技能因素等；有外在客观因素，如环境因素、管理因素等。根据员工在生产中的行为表现，其不安全行为产生主要有如图1-11所示几方面的原因。

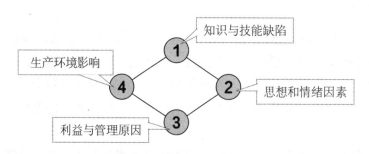

图 1-11　员工不安全行为产生的原因

1. 知识与技能缺陷

（1）培训制度不健全、培训内容缺乏针对性、培训教育方法不佳等，不能使作业人员准确掌握安全生产知识，易出现盲目甚至野蛮作业等不安全行为。

（2）部分员工不思进取、不愿学习操作规程，业务技能低、生产实践经验缺乏，看见别人违章作业，没出事故就盲目效仿，时间久了便养成了不良的操作习惯，因而造成不安全行为的发生。

2.思想和情绪因素

思想和情绪是人对客观事物态度的反映，与人的行为有直接关系。

（1）有无所谓思想的人，对安全持麻木不仁的态度，视一些安全制度、规定、措施为束缚手脚的条条框框。

（2）有麻痹思想、自以为是的人，明知安全重要但不重视，做事马虎大意。

（3）持侥幸思想的人，明知道有危险，却因怕麻烦而不采取安全措施，抱有"违章不一定出事，出事不一定伤人，伤人不一定是我"的侥幸过关的态度。

（4）由于生活条件、家庭情况、人际关系不佳等原因，导致情绪烦躁的人，工作精神不集中，自身与外界环境不能很好协调，极易产生不安全行为。

（5）情绪急躁的人，由于求胜、赶时间心切，工作不仔细，易出现有章不循现象。

（6）部分员工由于疲劳、体力下降、视力不佳、年龄偏大等生理原因，也易产生不安全行为。

3.利益与管理原因

（1）为了片面地追求经济利益，抢时间、赶进度而忽视安全，产生违章作业、违章指挥。

（2）规章制度、作业规程不完善，协调配合不当，监督检查不严，信息传递不畅等，也易导致员工不安全行为的发生。

4.生产环境影响

心理学认为，行为是人和环境相互作用的结果，并随人和环境的改变而改变。因此生产环境对不安全行为的产生有直接影响。

（1）夜间生产光线昏暗、视野窄，容易造成作业不准确，并易使人感到困倦、精神不振，而造成操作失误。

（2）局部作业空间狭小，易使操作动作变形而产生不安全行为。

（3）设备噪声大，严重的噪声影响易使人多疑易怒，从而产生不安全行为。

二、行为安全管理的步骤

行为安全是一种以安全行为为基准的观察行动方法，通过确定危险行为与安全行为之间的区别，在生产作业现场进行观察行动并管理员工行为，增进员工主动应对能力，发挥与员工有关安全行为的共同作用，纠正人的不安全行为、培训安全行为，促进安全氛围形成，提高安全绩效的管理方法。

行为安全管理的核心是针对不安全行为进行现场观察、分析与沟通，以干扰或介入的方式，促使员工认识不安全行为的危害，阻止并消除不安全的行为。行为安全管理理论中的4个主要步骤如图1-12所示。

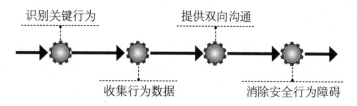

图 1-12　行为安全管理的主要步骤

讲师提醒

行为安全管理是一个主动的进程，它有助于提高员工安全行为水平，以避免发生事故。它能够有助于改变操作行为，从而得到期望的操作行为。

三、员工不安全行为控制措施

员工不安全行为控制措施表现在五个方面，如图1-13所示。

图 1-13　员工不安全行为控制措施

1. 强化安全教育培训

（1）认真组织完成全年的安全技术培训计划。根据生产形式和能力变化、人员增减情况、设备更新、环境变化等因素，以突出"干什么、学什么，缺什么、补什么"的原则组织培训，培训教师主要从企业内工程技术管理人员中选聘，必要时外聘有资质的专业教师进行授课。

（2）每天要利用班前会进行岗位操作规程和作业规程的学习贯彻，要坚持开展班前岗位风险辨识评估、坚持开展"每日一题"安全知识的学习活动，通过生产技术知识和岗位培训提高职业技能，避免因工作差错和操作失误造成事故，如图1-14所示。

图 1-14　班前会员工安全教育

（3）各级管理人员要经常性地教育引导员工在生产作业前必须做到"五不去做"，如图1-15所示。

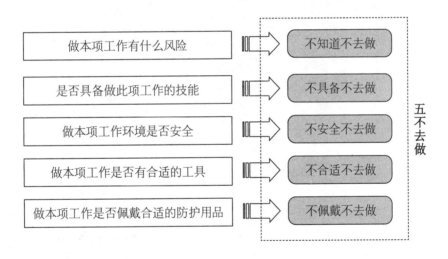

图 1-15　五不去做

（4）每年要组织开展不少于2期的全员事故案例培训教育，班组安全活动也要将事故案例教育作为一项主要内容组织学习，通过事故案例培训教育达到提高安全意识的目的。

（5）从控制不安全行为出发，对有不安全行为的人员还要进行安全态度和安全思想教育培训。通过安全态度和安全思想教育培训，使员工消除头脑中对安全的错误倾向，克服不安全的个性心理，端正安全态度，提高安全生产的自觉性和责任心，从而避免不安全行为。

（6）每年按安全活动计划，组织开展诸如安全演讲、安全知识竞赛、出动安全宣传车等群众性的安全宣教工作，使全体员工通过安全文化的影响作用，发挥其主观能动性，自觉遵守安全生产的各项规章制度，规范自己的行为。

安全常识宣传如图1-16所示。

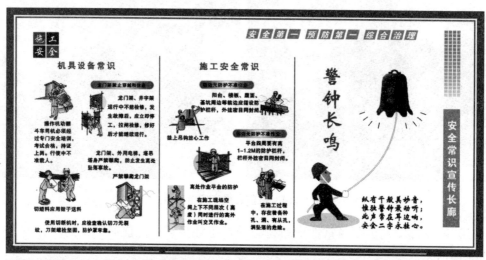

图1-16　安全常识宣传

2. 强化安全管理

采取奖励与惩罚相结合的方式。通过奖励，引导员工的行为积极主动地向安全方面发展；通过惩罚，对员工的不安全行为进行约束，使员工知道不该那样做、不敢那样做。强化安全管理的措施如图1-17所示。

措施一	严格执行各种安全法律法规、规章制度和规程、措施，用责任追究手段来保证执行力度，做到违者必究，一视同仁，不允许下不为例，保持制度的有效性、连续性，强制约束不安全行为
措施二	加大对不安全行为的查处打击力度，强制监督纠正不安全行为。各级管理人员、专检人员、职能部门要以现场为重点，以不安全行为易发者为突破口，不间断地进行检查及夜间突击性的抽查
措施三	班组长要加强现场作业行为的安全监管，及时纠正作业人员的不安全行为。对不安全行为的处罚处理执行连带责任，当班人员发生不安全行为，班组长负连带管理责任，其他人员负连带监督责任
措施四	继续深入开展班组建设活动，通过创星级班组，激发员工保班组、班组保厂部、厂部保全中心的热情。把安全管理的重心下移到现场，使安全压力传递到每个作业人员，形成主动制止不安全行为、积极消除安全隐患的良好安全氛围，实现员工从"要我安全"到"我要安全""我能安全""我会安全"的根本转变
措施五	将个人的经济利益与安全挂钩，通过安全责任承包及加大安全在工资中的比例等方式，推动安全工作健康发展，促使员工关注安全
措施六	各级管理人员以身作则，带头不违章生产、不违章指挥，以"榜样"激励员工不违章作业
措施七	合理安排工作，注意劳逸结合，避免长时间加班加点、超时疲劳工作

图1-17 强化安全管理的措施

3.科学地选用人员，做到人机最佳匹配

（1）各工作岗位和工种都有其特定的要求，要根据岗位设置要求科学地选择和配备人员，做到人机匹配。

（2）积极开展岗位技术比武，从中发现优秀的岗位工，配备到重要、需要的岗位上。

（3）鼓励员工加强岗位技能学习，确保业务上精一门、会几门。

4.改善作业环境

（1）作业环境舒适，主要是使环境改善，让员工操作设备时与周围环境、高低、前后、站、坐等能达到最佳状态，并保持作业人员能适应的状态。

（2）各种作业空间的尺寸和机电设备的安设都要严格按设计要求合理布局，充分考虑不同高矮、胖瘦人员情况，做到可调整、可改变，并与环境舒适匹配。

（3）作业地点的照明要保持合理的光照度。

（4）噪声大的设备要采用消音设备及相应措施。

（5）作业现场要保持环境整洁、设备卫生、标识清晰。

通过以上措施，使作业人员不因环境而产生不良的心理和生理反应，使操作者身心愉快地去工作，从而避免不安全行为的发生。

5. 做好思想和情绪调节工作

员工因思想情绪的变化而影响正常工作突出表现在：工资和福利待遇问题、工作晋级问题、与领导矛盾问题、家庭和个人生活中发生的问题等。做好思想和情绪调节工作的方法如图1-18所示。

方法一	各级主管对发现的问题要及时处理。要切实关心职工生活，解决职工的后顾之忧，员工家庭和个人生活出现问题和困难时，有关领导和部门要妥善解决，使操作者注意力集中，一心一意做好本职工作
方法二	要经常和员工交流思想，了解和掌握其思想动态。教育员工热爱本职工作，随时掌握其心理的变化情况，排除外界的不良刺激
方法三	员工的工资和福利待遇要公平、合理，并按时发放
方法四	员工的晋级要公正，不徇私情
方法五	员工与领导者发生矛盾时，领导者要理性对待，通过互相交流和谈心等方式加以化解

图1-18　做好思想和情绪调节工作的方法

四、有痕与无痕不安全行为的控制措施

行为痕迹主要是看不安全行为发生后是否可追溯。有痕与无痕不安全行为的特点如图1-19所示。

有痕不安全行为	无痕不安全行为
有痕不安全行为指人员发生不安全行为，在一定时间内会留下一定的行为痕迹	无痕不安全行为，只有在行为发生的过程中才能被发现，而且不会留下可追溯的痕迹

图1-19　有痕与无痕不安全行为的特点

针对上述行为的特点，各级管理人员可以利用相应的管理手段推断出不安全行为发生的原因。对于发现的有痕不安全行为，重点要对其进行及时的责任认定和相应的处

罚。对于无痕不安全行为的管理，必须加强现场的监督检查力度，及时发现和控制无痕不安全行为。

1. 有痕不安全行为控制措施

有痕不安全行为控制措施如图1-20所示。

各级管理人员现场检查发现不安全行为的痕迹时，必须落实责任单位和责任人员，并对不安全行为造成的隐患及时落实整改

对于一般性质的不安全行为，对照安全管理规定的相关条款对责任人员进行处罚。对于情节严重的不安全行为，要组织相关管理部门、人员进行责任追究，对于此类责任追究还要进行全企业通报，以此达到警示教育的作用

图1-20　有痕不安全行为控制措施

2. 无痕不安全行为控制措施

无痕不安全行为控制措施如图1-21所示。

措施一 安全管理部门、各业务管理部门、专检人员应把定期与动态检查相结合，定期检查原则上每周进行一次，遇有特殊情况增加检查频率时进行具体调整；动态检查实行24小时不定时地对各作业点进行全方位、全过程的巡回检查

措施二 安全管理部门负责牵头,机动性地组织有关业务人员以"小分队"的形式，进行不定期的夜间突击抽查不安全行为

措施三 各单位安全第一责任人每周牵头组织一次本单位的不安全行为的纠正巡查

措施四 当班的值班和跟班领导、业务部门跟班人员、班组长、安全员进行跟班巡查。通过上述四种不同层次、不同形式的检查，记录所发现的问题，并进行仔细分析、判断，采取针对性的措施予以纠正

措施五 设置"领导检查记录""安全员巡回检查记录"，对于检查存在的不安全行为，除立即纠正并对不安全行为人员给予必要的处理外，还要在企业内予以通报批评

图1-21　无痕不安全行为控制措施

五、不同频率不安全行为的控制措施

企业应对不安全行为进行分析并加以分类，以便在具体工作中重点对发生频率

高的不安全行为予以关注，并及时进行纠正。对于发生频率低的不安全行为也要力求杜绝。

对于不同频率不安全行为要建立不安全行为人员管理台账，对有不安全行为人员除进行罚款、停职待岗培训等处理外，还实行扣分积分考核。

1. 低频率不安全行为控制措施

低频率不安全行为控制措施如图1-22所示。

图 1-22　低频率不安全行为控制措施

2. 高频率不安全行为控制措施

高频率不安全行为控制措施如图1-23所示。

措施一：对于发生频率高的不安全行为，要加大查处力度，对于关键的作业环节、重点的施工作业过程，布置专人进行重点盯防

措施二：加大对高频率不安全行为的处罚力度，并强化安全培训教育，对于重复发生不安全行为的人员，处罚处理在原基础上加倍

措施三：对于经过待岗培训、罚款处理后仍反复发生不安全行为的人员，给予强制长期待岗或上报公司人力资源部予以开除等行政处理

图 1-23　高频率不安全行为控制措施

六、不同风险等级不安全行为的控制措施

对于人员不安全行为风险等级，企业通常划分为特别重大风险、重大风险、中等风险、一般风险、低风险5个等级。

1. 中等及中等以上风险不安全行为的控制措施

（1）中等风险以上的不安全行为，均可能造成人身伤害和多人伤亡的重特大安全事故，因此要加强基础教育，从应知应会、自保互保开始培训，使员工养成遵章守纪的良好工作作风，树立在岗1分钟、负责60秒的敬业精神。企业可设立安全奖励基金，重点奖励那些在安全生产上做出突出贡献、制止违章、消除隐患、避免事故的有功人员。

（2）各级管理人员、安全专检人员应突出重点地监督检查可能发生中等以上风险的

不安全行为，加大对此类不安全行为人员的查处力度。对于屡教屡犯，可能造成重特大事故的不安全行为，要做到铁的制度、铁的手腕、不留情面。

（3）安全监察部门、各级管理干部要抓住关键环节重点盯防，对于中等风险以上不安全行为，如发现某些人员有假检、漏检、失职、通人情私了现象，一律调离本岗位，对特别严重的人员给予经济和行政双重处理。

2. 一般风险、低风险不安全行为控制措施

（1）一般风险、低风险的不安全行为，在特定的环境下也易引发人身事故，因此在安全监督检查中也应予以必要关注，力求在生产作业中消除各类人员的不安全行为。

（2）加强日常安全监督控制，力求把安全监督检查、防止不安全行为发生的重点放在现场，把主要工作放在控制人的行为规范上，并发挥班组长、安全员的特定作用，不断纠正习惯性不安全行为和错误操作方法，各级管理人员、专检人员要身先士卒，以自己的行为表率教育员工，用关心爱护去帮助员工，以谈心走访形式感化员工。

七、员工不安全行为矫正

1. 有意不安全行为矫正

有意不安全行为矫正包括两个方面，如图1-24所示。

方面一　**对于有意做出不安全行为的人员**

> 由安全管理委员会召开专题会议，讨论分析，做出停职、待岗决定，并根据相关规定做出罚款处理或警告、记过、记大过的行政处分决定。对于有意不安全行为人员的停职待岗培训，必须进行不少于一周的强制培训

方面二　**对于停职待岗的不安全行为人员**

> 进行强制培训教育，必须先对其不安全行为进行分析认定，重点解决其侥幸心理驱动下有意做出不安全行为的思想意识原因，除按规定给予行政处分、罚款等处理外，结合其违章原因，有针对性地选择如下培训内容：
> (1) 思想认识教育，由主管领导为其上好第一课，解决思想认识问题
> （2）对不安全行为后果认识，个人写出书面检查，深刻反省自己所犯错误的严重性
> （3）国家安全法律、法规，公司、中心相关安全生产文件及规程措施
> （4）本岗位危害因素辨识
> （5）相关事故案例
> （6）关于不安全行为对国家、集体、个人造成后果的有关材料

图1-24　有意不安全行为的矫正措施

2. 无意不安全行为矫正

不安全行为人员因习惯性行为或工作失误、思想麻痹等无意做出的不安全行为，要对其重点加强规程、措施培训和安全教育，使其提高自身安全意识和自保能力。经过不安全行为矫正，对不重复发生者可不追究或不处分。对于无意不安全行为人员应重点培训的内容如图1-25所示。

安全生产相关知识和安全法律法规

岗位危害因素辨识

岗位职责、岗位操作规程、作业规程

有关事故案例等

安全态度和安全思想教育

图1-25　对于无意不安全行为人员应重点培训的内容

3. 违章指挥的矫正

违章指挥的矫正分两种情况，如图1-26所示。

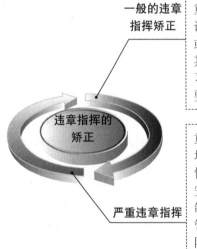

一般的违章指挥矫正　重点对各级管理者（包括班组长）在不具备生产或设备运行、环境条件差的情况下，强令员工作业或强行要求启动设备的行为，由安全管理部门对其进行安全意识和安全管理知识教育，强制其学习国家安全法律、法规及企业安全规章制度，并要求其写出书面检查，同时给予一定数额的罚款

严重违章指挥　重点是各级管理者（包括班组长）在明知作业现场存在隐患、环境或设备对人身可能造成伤害的情况下，强制指挥员工进入现场作业的行为。由安全管理部门与各部门分管领导共同对其进行强制培训，停职待岗期间发放规定的生活费。安全管理委员会根据违章行为情况，分别给予撤职、降职、调离等处分，同时给予一定数额的罚款

图1-26　违章指挥的矫正

第四节 精益安全之自主管理

一、提炼安全愿景，整合文化理念

1. 教育引导员工牢固树立四个安全信念

企业应教育、引导员工牢固树立四个安全信念，如图1-27所示。

信念一 ▷ **"安全第一"的信念**

> 教育引导职工树立"安全决定一切、安全否定一切、安全超越一切"的思想，坚决杜绝"说起来重要，做起来次要，忙起来不要"的现象，切实做到"安全第一，生产第二"

信念二 ▷ **"事故的对立面是隐患"的信念**

> 打破对安全隐患的传统认识，通过对大量的事故案例进行分析解读，加深职工对消除隐患工作重要性的认识

信念三 ▷ **"生命至高无上"的信念**

> 引入生命管理的新理念，在主题教育的基础上，教育广大职工树立"生命至高无上"的观念，积极引导广大职工"关注安全、关爱生命"

信念四 ▷ **"一切事故皆可预防"的信念**

> 教育职工认真把好生产环节的每一关、每一步、每一环，管好工作现场的每一人、每一机、每一物，抓好生产过程的每一面、每一班、每一秒，变事后被动的"事故追究型"安全管理为超前系统的"事故预防型"安全管理

图1-27 必须树立的四个安全信念

2. 开展安全意识再认识活动

企业应该不断地在员工中开展安全意识再认识活动，具体内容如图1-28所示。

内容一 ▷ 对"安全、隐患、事故"进行再认识

通过开展辩论、演讲、征文等形式，使员工明确"零事故不是安全生产，只有实现零隐患才是安全生产"。引导职工立足岗位开展隐患排查治理和危险源识别活动

内容二 ▷ 对"本质安全"进行再认识

应用推广"手指口述""预知预警"等一系列安全操作法和安全制度，规范员工的上岗行为，使广大职工从意识上实现由"要我安全"到"我要安全"的转变

内容三 ▷ 对"预防为主"进行再认识

引导广大职工认识到只要消除了人的不安全行为、物的不安全状态，事故就不会发生。进而研究制定一系列隐患排查治理和危险源识别制度，实现标准化作业，从根本上预防各类事故的发生

内容四 ▷ 对"安全责任"进行再认识

着重强调生产主管、班组长和安全员的岗位责任，监督管理人员对安全的认识必须到位、对安全工作的执行必须到岗、对安全责任的落实必须到人，强化责任意识教育，使职工做到"我的安全我知道，我的责任我落实，企业安全我负责"

图 1-28　安全意识再认识的内容

3. 整合提炼安全愿景和文化理念

企业最好在安全文化建设中总结提炼企业的文化理念，以下是某企业的安全文化理念。

（1）安全愿景：消除人的不安全行为、物的不安全状态、环境的不安全因素，通过实施安全差异管理和安全自主管理，打造本质安全型矿井。

（2）安全誓词：安全第一，生产第二；牢记责任，不负重托。

（3）安全核心理念：生命是棵树，安全是沃土。

（4）安全价值观：安全高于一切，安全重于一切，安全压倒一切。

（5）安全责任理念：谁签字谁负责，谁安排谁负责，谁带班谁负责，谁施工谁负责。

（6）安全管理理念：凡事有章可循、凡事有据可查、凡事有奖有罚、凡事讲求创新、凡事有人负责、凡事争创第一。

（7）安全荣辱观：以安全生产为荣，以发生事故为耻；以质量为本为荣，以轻视质量为耻；以遵章守纪为荣，以违章作业为耻；以自保互保为荣，以伤人害己为耻；以认

真负责为荣，以不负责任为耻；以雷厉风行为荣，以得过且过为耻；以学习技术为荣，以平庸无知为耻；以保证投入为荣，以偷工减料为耻。

（8）安全道德：不伤害他人，不伤害自己，不被他人伤害。

（9）安全自主管理理念：我的安全我知道，我的责任我落实。

（10）安全色：传递安全信息含义的颜色，包括红、蓝、黄、绿四种。

另外企业还可提炼出安全宣传教育理念、安全执行理念、安全培训理念、安全哲学等。某企业的安全文化理念如图1-29和图1-30所示。

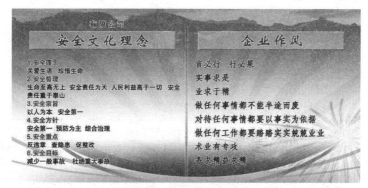

图1-29　某企业的安全文化理念（一）

图1-30　某企业的安全文化理念（二）

二、深化安全教育，拓宽技能培训

1. 运用安全教育，提升员工安全素质

企业应该全面地开展安全教育活动，提升员工的安全素质。表1-1是某企业根据自

身情况设计的安全教育十法。

表 1-1　某企业根据自身情况设计的安全教育十法

序号	教育方法	说明
1	愿景引导	在制定企业安全愿景的基础上，基层各单位结合自身实际，制定各具特色的愿景，职工个人也都制定共同愿景并在学习室、更衣箱内进行悬挂张贴，通过愿景引导，激励部室、班组、个人去努力实现安全生产目标
2	媒体宣传	发挥电视、牌板、橱窗、文化走廊、文化街道等媒介的优势，营造浓厚的安全舆论氛围
3	主题活动	重点抓好季度、月度、节假日的安全宣传教育工作，使安全宣传教育每月都有重点，每季都有主题，每次活动都有新亮点
4	典型激励	按照"用典型精神鼓舞人、用典型事迹感染人、用典型经验启发人"的思路，通过正反两方面的典型人和事对职工进行安全宣传教育。各厂区每月至少评选一名正反安全典型，利用每周学习时间，以厂为单元，组织职工集中宣讲典型事例；组织先进人物、"十大违章人物"和工伤职工家庭子女到现场宣讲、现身说教，用职工身边事教育职工
5	自助训练	安全自助训练就是通过开展心理训练让员工了解和掌握控制自己情绪的办法，其核心内容就是引导广大员工做到"先处理心情，再处理事情"。在开展安全自助训练的过程中，明确事故倾向特征的十个方面（注意力分散、有感知障碍、判断迟缓、动作协调性差、情绪多变、脾气暴躁、缺乏耐心、心态浮躁、自制力差、莽撞草率），认真排查具有事故倾向的薄弱人物，引导他们对号入座，认清自身存在的问题，有意识地进行心理训练，注重心理调节，最终达到安全状态
6	深度会谈	把深度会谈这一学习型组织理论导入安全管理，坚持每月召开安全月度例会，与会人员畅所欲言，对生产过程中可能出现的隐患进行"假设"，把小问题当作大隐患来处理。坚持事故分析制度，把事故分析会开成"深度会谈会""成果共享会""团队学习会"，引导每一个人对安全生产工作中存在的问题进行反思，把隐患当事故来分析，把"他人"事故当作自身问题来思考，"别人摔跟头，自己长见识""别人生病我吃药"，克服自我满足、自我防卫的"缺点"，达到交流经验和体会、相互支持和启发、共同完善和提高的目的
7	"四个一"活动	坚持开展每日安全一提醒，每周一次安全知识普及，每月月初一次薄弱人物排查，每月月底集中上一次安全大课
8	薄弱人物差异教育	针对职工群体的差异，对"不安心上班的郎当人、业务不熟的糊涂人、红白大事的操心人、图省事的懒惰人、盲目蛮干的粗鲁人、务工务农的疲劳人、遭遇不幸的痛苦人、家庭不和的烦恼人"等各类薄弱人物，分别采用"亲情化、知识化、生理化、实践化、心智化教育和强体、养心、顺心教育"等形式进行差异宣传教育
9	心理说明书	心理说明书就是让违章职工书写违章心理，包括违章时的心理矛盾过程、可能或已经造成的后果以及对这个问题的反思，从个人内心深处挖掘违章的思想根源。通过对违章行为过程的心理活动的仔细描述、说明，使职工学会把"镜子"转向自己，观察自我，剖析自我，不断改善心智模式，养成善于反思的良好习惯，达到自我教育、自我启发的目的

序号	教育方法	说明
10	品格训练	品格训练就是利用拓展训练基地，对职工进行"跨断桥""爬天梯""攀岩"等项目的拓展训练，引导职工克服心理压力，坚定安全生产的决心；改善心智模式，学会系统思考，认识到"人、机、物"在安全生产中的相互作用，增强自我控制能力和决策能力

2. 建立科学培训体系，注重提高职工内在素质

企业要有计划地建立科学培训体系，从而提高职工内在素质。具体可参考如图1-31所示的方法。

要点一 ▷ **激发共鸣，转变安全教育培训需求的主体**

开展引导式教育，一切安全宣传教育以"我"为中心，突出主体"我"，达到循循善诱、触动心灵的目的。在教育理念上实现突破，积极倡导以"我"为中心的安全理念，把关心"我"变成职工的自觉行为。开展以"我"为中心的大讨论，强化"我"的概念，明确"我"的义务和权利，使之深入人心

要点二 ▷ **着眼实效，研究安全培训方法**

结合安全生产实际，整理归纳出适合企业安全教育的方法，如理性灌输法、按需施教法、师徒结对法、超前教育法、典型刺激法、心理教育法、家庭教育法、自我教育法等，夯实安全生产基础

要点三 ▷ **突出实践，建设实景培训基地**

大规模的企业可以建立职工培训基地，基地里应建设实际操作训练车间，安设企业生产所需设备相应的安全设施，能够满足对安全影响特别重要的岗位操作和系统训练

要点四 ▷ **做好重点人员教育培训工作**

通过加强职工的培训教育，严格新人岗前教育培训，强化在岗职工全员安全教育培训，提高职工队伍素质

图 1-31　提高职工内在素质的培训体系建立要点

三、明确安全责任，延伸岗位职能

企业应建立体系完整、内容较齐全的岗位责任制，并对各生产岗位的安全职责进行

明确规定。在自主安全管理模式下，对安全岗位责任制进行深化，将安全生产职责作为有机组成部分列入岗位职责，使配套的安全管理控制措施更加具体，更具可操作性。

1. 安全生产责任制的主要内容

安全生产责任制的主要内容如下。

（1）厂长、经理是法定代表人，是生产经营单位和企业安全生产的第一责任人，对生产经营单位和企业的安全生产负全面责任。

（2）生产经营单位和企业的各级领导及生产管理人员，在管理生产的同时，必须负责管理安全工作，在计划、布置、检查、总结、评比生产的时候，必须同时计划、布置、检查、总结、评比安全生产工作。

（3）有关的职能机构和人员，必须在自己的工作职责范围内，对实现安全生产负责。

（4）职工必须严格遵守安全生产法规、制度，不违章作业，并有权拒绝违章指挥，险情严重时有权停止作业，采取紧急防范措施。

2. 安全生产责任制编制原则

安全生产责任制编制原则如图1-32所示。

 坚持"安全第一、预防为主、综合治理"的安全生产方针，明确各级领导和各职能科室的安全生产工作责任

 生产经营单位法定代表人或主要负责人是本单位安全生产第一责任人，对实现本单位的安全生产负责

 安全生产人人有责，企业应为每名职工都制定岗位安全责任，实现全员安全生产责任制

图 1-32　安全生产责任制编制原则

3. 制定安全生产责任制的要点

企业在编制安全生产责任制时，应根据各部门和人员职责分工来确定具体内容，要充分体现责权利相统一的原则，要"横向到边，纵向到底，不留死角"，形成全员、全面、全过程安全管理的完整制度体系。

对身兼数职的人员，可根据其兼职情况，承担其相应各职位的安全生产责任。

安全生产责任制的编写从两个方面入手：一是各级领导、各类人员安全生产责任制，包括法人、主管安全负责人、车间（工段）负责人、车间安全员、班组长、工人；二是各职能部门安全生产责任制，包括办公室（含人力资源、行政、培训等部门）、生产部门、技术部门、安全（消防）部门、财务部门、供销运输部门、工会等。

（1）各级领导、各类人员安全生产责任制。各级领导、各类人员安全生产责任制的编写要点如表1-2所示。

表 1-2　各级领导、各类人员安全生产责任制的编写要点

序号	人员	编写要点
1	法人	（1）作为第一责任人，应明确如何严格执行国家和当地的法律、法规及相关标准 （2）明确如何落实企业安全生产责任制，建立健全安全生产专门管理机构 （3）明确如何审定安全生产规划和年度计划，确定安全生产目标 （4）确保安全生产投入（包括资金投入、人员配置等）的实现 （5）明确如何组织安全检查及对重大事故的调查处理 （6）明确对事故应急救援预案的总要求（组织、制定、演练、完善等）
2	主管安全负责人	（1）作为安全主管负责人，明确如何在企业厂长（经理）的领导下，对企业的安全技术管理工作全面负责及对其任职资格的要求 （2）明确如何组织制定、修订和审定各项安全管理制度、安全技术规程等，并检查其执行情况 （3）明确如何制订安全教育计划及培训考核计划 （4）明确如何审批重大工艺处理、开停车、检修、施工的安全技术方案，审查引进技术和开发新产品中的安全技术问题 （5）明确如何审批特殊危险动火作业，参加重大事故的技术分析 （6）明确如何对化学品安全技术说明书和安全标签管理的要求 （7）明确如何组织安全检查及对重大事故隐患管理的要求 （8）明确在企业厂长（经理）不在时，由企业安全负责人履行厂长（经理）的安全生产职责 （9）明确如何协助厂长（经理）组织安全技术研究工作，解决安全技术问题 （10）明确应急救援预案中的组织、实施责任
3	车间（工段）负责人	（1）明确如何对车间安全生产负全面责任 （2）明确如何拟订、修订车间安全技术规程和安全生产管理制度 （3）明确如何组织开展安全生产教育，定期进行考核 （4）明确如何组织开展车间安全检查 （5）明确如何确保设备、安全装置、防护设施处于良好状态 （6）明确如何建立、健全车间安全、防火组织 （7）明确对贯彻执行上级指示的要求
4	车间安全员	（1）确定如何协助车间主任做好车间安全管理 （2）确定如何协助车间主任制订车间安全活动计划，并组织实施 （3）确定如何深入现场进行安全检查，制止违章作业 （4）确定如何协助车间主任消除事故隐患 （5）掌握一旦发生事故的救援方法
5	班组长	（1）确定如何组织职工学习，贯彻执行和车间有关的安全生产规章制度及要求 （2）确定如何组织班组进行安全教育和安全活动 （3）确定如何负责本岗位防护器具、安全装置和消防器材的维护和管理 （4）确定一旦发生事故隐患，如何防范出现事故，如何处理，如何组织抢救

序号	人员	编写要点
6	工人	（1）明确如何执行操作规程，如何确保本岗位的设备和安全设施齐全良好 （2）明确如何按时巡回检查，准确分析、判断和处理生产过程中的异常情况 （3）确定如何正确使用、保管各种劳保品、器具和防护、消防器材 （4）确定如何不违章作业，并劝阻或制止他人违章作业，对违章指挥有权拒绝执行，并及时向领导汇报

（2）各职能部门安全生产责任制。职能部门应根据保障安全生产的基本要求设置，企业可根据自身的管理特点，增加或合并设置（法律、法规规定的除外）。但表1-3所提出的职责要求必须涵盖。

表1-3　各职能部门安全生产责任制的编写要点

序号	人员	编写要点
1	办公室（含人力资源、行政、培训等部门）	（1）明确协助单位领导贯彻上级有关安全生产指示，及时转发上级和有关部门的安全生产文件、资料，做好安全会议记录 （2）明确如何组织从业人员的安全教育、培训、考核工作（包括培训计划、培训效果考核等） （3）明确如何组织、检查、落实干部值班制度 （4）明确如何负责对临时来厂参观、学习、办事人员的检查登记和对进厂新员工的安全教育 （5）明确如何负责安全工作记录和安全文件管理工作 （6）明确与从业人员签订劳动合同并为其上工伤保险的责任
2	生产部门	（1）明确如何编制长远发展规划及编制年度生产计划，以及安全技术和改善劳动条件的措施项目 （2）明确如何传达、贯彻上级有关安全生产的指示，坚持生产与安全的"五同时" （3）明确如何在保证安全的前提下组织生产，发现违反安全生产制度、规定和安全技术规程的做法及时制止，严禁违章指挥、违章作业 （4）明确如何发现生产过程中出现的不安全因素、险情及事故，果断处理，防止事态扩大 （5）明确如何组织安全检查，随时掌握安全生产动态 （6）明确如何贯彻操作纪律管理的规定 （7）明确如何负责生产事故的调查、处理、统计上报等工作
3	技术部门	（1）确定如何编制和修订工艺技术规程，工艺技术规程必须符合安全生产的要求，并对工艺技术规程执行情况进行检查、监督、考核 （2）确认如何进行生产工艺事故的调查处理和统计上报，并形成文件式的作业指导书 （3）确定如何对生产操作工人的技术培训进行考核 （4）确定如何负责组织工艺技术安全检查，并及时改进安全技术上存在的问题 （5）确定如何采用先进的安全生产技术和安全装备

序号	人员	编写要点
4	安全（消防）部门	（1）确认如何在厂长（经理）和安全主管负责人的领导下开展安全生产管理的监督工作 （2）确认如何组织制定、修订本企业职业安全管理制度和安全技术规程，编制安全技术措施计划，并监督检查执行情况 （3）明确如何编制安全生产责任制 （4）确认如何组织安全大检查，对查出的安全隐患制定防范措施和制订整改计划，并检查监督隐患整改工作的完成情况 （5）确认如何对锅炉、压力容器等特种设备进行安全监督检查 （6）确认如何进行安全监督，建立开、停车的动火审批制度和日常动火管理制度，检查各部门安全管理制度执行情况，纠正违章并督促协调解决有关安全生产的重大问题 （7）确认如何制定应急救援预案并组织演练补充、修订、完善预案 （8）明确如何做好各类重大事故的现场保卫工作 （9）明确如何编制企业专用消防器材的配置和采购计划、负责消防器材的维护保养和修理 （10）明确如何建立健全企业防火档案
5	财会部门	（1）明确如何保证落实安全技术措施费用计划，保证资金到位，并监督安全生产资金专款专用 （2）明确如何保证事故隐患治理费用、安全教育费用等资金到位 （3）明确如何负责审核各类事故处理费用支出 （4）明确如何保证劳动防护用品、保健食品的开支费用
6	供销运输部门	（1）明确建立外购原辅料、设备、防护用品、器具、器材的验收制度，对其质量和安全负责 （2）明确如何严格执行有关防火和危险物品管理规定，做好仓库防火、防盗和危险物品的管理 （3）明确如何对危险品运输车辆和押运人员的管理
7	工会	（1）明确如何负责贯彻国家、本市及全国总工会有关安全生产、劳动保护的方针、政策，并监督执行，组织职工参与本单位在安全生产中的民主监督管理 （2）明确如何协助安全部门做好安全生产竞赛活动和合理化建议活动 （3）明确如何组织职工开展遵章守纪和预防事故的群众性活动，支持主管领导和部门做好安全工作的奖惩，并协助做好职工伤亡事故的善后处理工作 （4）明确如何改善职工劳动条件，保护职工在劳动中的安全与健康 （5）明确如何落实公共文化娱乐场所的安全防火管理工作

4. 制定并签订安全生产目标管理责任书

为确保安全生产，企业要制定内部安全生产管理的总体目标，并将目标层层分解，落实到企业的每一级职能部门。企业的主要负责人要分别与所属各部门的主要领导签订安全生产目标管理责任承诺书。各部门也要按照这一模式，将部门安全生产目标分解到每个岗位和员工。通过层层签订安全生产目标管理责任承诺书，在企业内形成一个自上而下分解到人，自下而上逐级落实安全生产责任承诺的保证体系，确保企业安全生产目标管理工作的进一步深化、细化。

以下提供某企业的职工安全生产目标责任书供参考。

【精益范本】➤➤

职工安全生产目标责任书

为认真贯彻"安全第一，预防为主"的方针，做好公司＿＿＿＿年度安全生产工作，强化企业内部安全管理，落实单位负责人安全生产责任制，保证完成上级下达的安全控制指标，确保公司及全体职工的生命财产安全，减少事故和职业病的发生，依据《中华人民共和国安全生产法》及其他有关安全生产的法律法规，按照"管生产必须管安全"和"谁主管、谁负责"的原则，本人自愿签订本安全责任书，并承诺做好以下工作。

一、工作目标

1.人身伤亡事故为零。

2.急性中毒事故为零。

3.火灾事故为零。

4.爆炸事故为零。

5.轻伤率小于3‰。

6.生产事故为零。

7.安全隐患的整改率达100%。

8.设备事故为零。

9.法规规定的各项卫生标准。

二、职工工作任务

1.平时要认真学习并贯彻执行国家和上级安全生产方针、政策、法律、法规、制度和标准，坚决服从厂（公司）安全生产领导小组的领导，争做安全生产工作的模范。

2.认真学习和严格遵守企业安全生产领导小组颁布的各项规章制度，遵守劳动纪律，不违章作业，并有权劝阻制止他人违章作业。

3.精心操作，做好各项记录，交接班必须交接安全生产情况，交班要为接班创造安全生产的良好条件。

4.正确分析、判断和处理各种事故苗头，把事故消灭在萌芽状态。发生事故，要果断正确处理，及时如实地向上级报告，严格保护现场，做好详细记录。

5.作业前认真做好安全检查工作，发现异常情况，及时处理和报告。

6.加强设备维护，保持作业现场整洁，做好文明生产。

7.上岗必须按规定着装，妥善保管、正确使用各种防护用品和消防器材。

8.积极参加各种安全活动。

9.有权拒绝违章作业的指令。

三、附则

1.本责任书有效期限为一年，即：____年1月1日～____年12月31日。

2.本责任书一式两份，双方各执一份。

安全生产办公室负责人签字：

承诺人签字：

四、健全安全体系，放活班组职权

1.民主选举班组长

企业可以推行民主选举，打造安全班组核心。本着公开、民主、择优的原则，在基层班组中实行民主选举班组长。

2.班组民主管理，实现工作的自主化

企业应本着班组安全自主管理的原则，给班组以充分的管理职权，如图1-33所示。

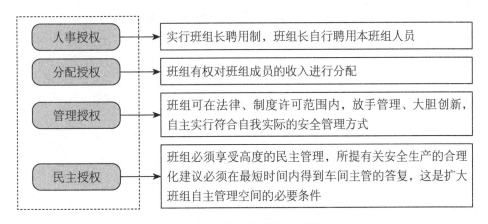

图1-33 班组管理的四大授权

3.深化班组安全教育，凝聚班组战斗力

企业应适时选择培训内容，精心安排班组安全教育工作。教育的内容主要包括：责任感教育、安全生产方针教育、安全法规教育、典型经验和事故案例教育、安全技术知识教育、岗位教育、班前班后会教育、竞赛活动教育、事故分析会教育、安全活动日教育和政治思想教育等。活动开展过程中的通知、试题及学习场景如图1-34～图1-36所示。

关于开展"安全生产月"岗位安全培训活动的通知

安全环保部〔2023〕15号

××工厂各部门、车间：

为深入开展安全生产宣教工作，营造浓厚的安全文化氛围，有效增强员工安全意识，预防和减少安全事故的发生，根据安全生产月活动安排，组织开展岗位安全培训活动，具体安排如下。

一、时间：2023年6月10～16日。

二、组织单位：本次活动由安全环保部主办，商空车间承办。

三、参与人员：全体员工、外协单位驻厂人员。

四、活动内容。

活动一：各部门、车间及外协驻厂单位，组织全员开展针对性岗位安全基础知识培训，着重加强设备安全操作规程、岗位危险源、法规、季节性安全知识方面的培训。

活动二：借助手机为载体，开展全员网上答题活动，将各部门车间参与率进行评比并列入安全月评价中，抽取五名得分高的员工，发放精美奖品。

五、其他要求。

1.各部门车间充分利用班前（后）会、休息时间组织员工参与答题，动员全员参与。

2.手机答题以微信扫描二维码的方式进行作答，每人一次答题机会。

特此通知

安全环保部

2023年6月12日

发：××工厂各部门、车间

图1-34 下发培训活动的通知

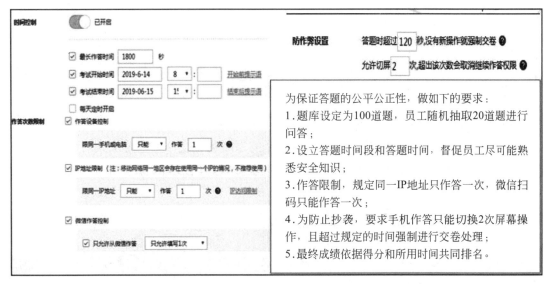

图 1-35 对答题的参与方式做了具体的要求

图 1-36 各部门车间利用空闲时间对员工进行岗位培训

4. 开展主题活动，促进班组安全工程建设

倡导规范化作业，开展班组标准化建设活动，开展班组（长）争优创先活动。

5. 建设学习型班组，营造班组安全文化氛围

创建学习型班组，做到以老带新与以新帮老相结合、实践学与理论钻相结合、创新与创效相结合、组织激励与自我鞭策相结合、组织学习与个人学习相结合"五个相结合"。

五、确保安全秩序，推动科技监察

企业应该致力于实施科技创新，搭建安全生产科技保障体系。

1. 建立技术创新激励机制

企业可以设立技术创新基金，对技术革新、合理化建议、"QC"质量小组和科技论文等项目进行指标分解，量化考核。实行项目负责人制度，每月考核，每半年综合评审，使科技人员每人每年都有成果，各专业每月都有创新点。

2. 加大安全科技投入，提高安全技术装备水平

将"科技兴安"理念渗透到关系生产安全的系统优化之中，注重加大对生产调度指挥系统、生产集控系统、信息系统、安全监测系统的科技投入。

六、理顺安全情绪，推进处罚复议

经济、安全处罚事关职工的切身利益，处罚的公正与否将直接影响职工的工作积极性。

通过实践表明，企业推行处罚复议制度既是规范管理人员行为的需要，也是提高职工队伍素质的需要。处罚复议制度的推行，创新了安全宣传教育的方式方法，可以提升各级管理人员和广大职工的素质；规范各级管理人员的执法行为，从而保证处罚的正向引导作用；消除职工疑虑和不满情绪，促进企业劳动关系的稳定和谐。

第二章
精益安全教育

情景导入

杨老师："各位同学，今天我们要来讲安全生产教育的方式方法、内容和怎么使安全教育精益化。"

小张："杨老师，我觉得这一课不需要讲了。"

杨老师："为什么？"

小张："因为做安全生产教育，浪费时间，工厂里订单任务那么重，加班加点都干不完，哪还有时间去开展安全教育啊。再说，这也不直接产生经济效益，领导不会舍得投入的。"

杨老师："这么看来，你公司是没有开展这样的培训教育活动喽！"

小张："嗯，我们公司来了新人，就直接交给班组长，由班组长来负责带领。"

杨老师："那效果怎样呢？"

小张："太忙了，班组长没有时间去带新人，厂里总是隔三岔五地出点小事故。"

杨老师："那小事故怎么处理呢？"

小张："给受伤的员工赔点钱，然后哪里有漏洞就哪里补。"

杨老师："如果出大事故了呢？出伤亡大事故了，企业负责人和相应责任人是要承担责任的。严重的有可能要负刑事责任，也就是有可能要坐牢。"

小张："啊？刑事责任？"

小张一听吓出了一身冷汗，还要负刑事责任啊，他从来没想过这些。

……

杨老师："安全生产教育是提高员工安全生产意识必不可少的重要手段，同时也是国家的法律规定。开展安全生产教育可以提升员工的安全素质，保障安全生产……"

小张："那好吧，我得认真地听这一堂课，回去好好地跟领导沟通一下。"

第一节　安全生产教育的方式方法

一、安全生产教育的方式

企业安全生产教育的方式多种多样，可以灵活使用。例如，宣传挂图或安全科教电影、幻灯片、报告、讲课及座谈，开展安全竞赛及安全日活动，安全生产教育展览及资料图书等。另外还有实地参观、现场教育、介绍事故案例、安全会议、班前班后会、黑板报、简报等。一般可根据员工文化程度的不同采用不同的方式方法，力求做到切实有效，使员工受到较好的安全生产教育。

1. 宣传画、电影和幻灯片

宣传画、电影和幻灯片是常用的三种宣传方式，其各自的特点如图2-1所示。相关实际宣传图见图2-2～图2-4。

 通过宣传画可以使员工认识到安全生产的重要性，不安全生产会造成什么样的后果，给员工以警示，进行劝告或指导

 由于宣传画只给出危害的印象，为了说明事故的全部情节，表示出其环境、起源、危险状况和产生的后果，以及怎样预防事故等问题。现在多利用影像资料等来提高现场主管人员的安全意识，同时也可以避免作业人员不愿意接受枯燥的命令

 幻灯片的优越性是只要需要就可以放映，同时能给出更详细的解释，且员工可以询问问题。但幻灯片与宣传画有同样的局限性，若将安全知识的内容采用文艺表演形式表达出来，寓教于乐，更有娱乐性和趣味性，也能收到良好的效果

图 2-1　宣传画、电影和幻灯片的特点

图 2-2　安全生产标语

图 2-3　安全生产宣传画

图 2-4 安全生产宣传栏

2. 报告、讲课和座谈

报告、讲课和座谈也是安全宣传教育的有力工具。特别是新员工一入厂，通过这种形式的安全生产教育，可以使他们对安全生产问题有一个概括的了解。针对事故状况、安全规则、保护措施等问题进行专题讲座，使听众与讲解人有直接交流沟通的机会，可以增强宣传教育的效果。

3. 安全竞赛及安全活动

企业还可以开展"百日无事故竞赛""安全生产××天"等多种形式的安全竞赛活动，可以提高员工安全生产的积极性。可把安全竞赛列入企业的安全计划，在车间班组内进行安全竞赛，对优胜者给予奖励。竞赛的成功与否不在于谁胜谁负，而在于加强员工安全意识，减少整个企业的事故。

4. 展览及安全出版物

展览是以非常现实的方式使作业人员了解危害和怎样排除危害。将展览与其他的安全活动结合起来时，效果更好。例如，通过展览物把注意力集中到有关工厂近年来发生的事故上：一个坏砂轮中飞出的砂轮碎片被防护罩挡住，或安全帽保证了人员安全等。这种展览体现了安全预防措施和实用价值。

二、安全生产教育的方法

安全生产教育的方法多种多样，如理性灌输法、情感启迪法、活动熏陶法等。

1. 理性灌输法

理性灌输法是指由施教者将教学内容以课堂讲授的方式向受教育者传授的一种教育方法，其内容具体如图2-5所示。

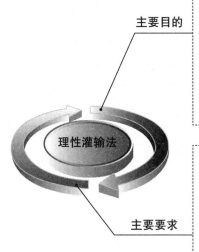

主要目的　安全生产教育的理性灌输法的主要目的是从理性的角度，向受教育者传授安全理论和方法；引导现场主管人员理解国家的安全生产方针、法律法规和政策、企业的安全生产规章制度以及安全生产的目标；掌握预防、改善和控制危险的手段及方法。通过理性灌输来强化安全生产的意识，使员工不仅仅知道怎样去做，还知道为什么要这样做

主要要求　理性灌输法的教学内容理论性更强、更系统，能一次对多人进行教育并且能降低教育成本。其缺点是理论性过强，会让人感到枯燥乏味。因此，采用这种教育方法时，应注意语言的生动性并尽量将理论与实际案例、感性知识相结合，采用幻灯片、录像、多媒体等视听相结合的教学手段

图 2-5　理性灌输法

2. 情感启迪法

在安全生产教育中，要注意情感教育，现场主管人员要以实际行动关心和爱护员工，要让员工感受到真诚的关怀。对于批评，也要讲究方法，要通情达理。尤其是对违章肇事者、事故责任者和受伤害者的安全生产教育，更要得体得法，既达到教育人的目的，又不伤害其自尊心，如图2-6所示。

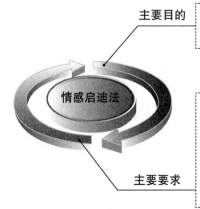

主要目的　情感启迪法的目的是要让受教育者真正受到教育，认识到安全生产教育的重要性

主要要求　情感启迪法的运用方式可以是单独谈话，工作中善意的提醒，以充分的依据来证实员工的不当之处，并让员工进行深刻的反省和认识，及时进行改正，以及采用外围方式，通过员工的亲朋好友对其进行规劝教育，以情感人，站在对方的立场为其想问题，这样的安全生产教育效果才更显著

图 2-6　情感启迪法

3. 活动熏陶法

寓教育于活动之中，受教育于熏陶之时。这一类教学方法融知识性、趣味性、教育性于一体，其形式丰富多彩，可分为4种类型，如图2-7所示。

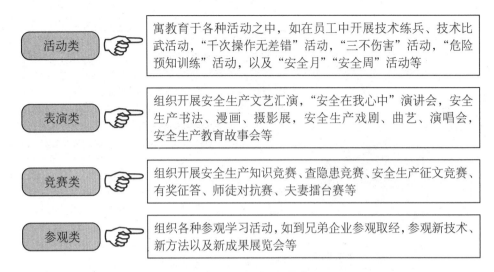

活动类	寓教育于各种活动之中，如在员工中开展技术练兵、技术比武活动，"千次操作无差错"活动，"三不伤害"活动，"危险预知训练"活动，以及"安全月""安全周"活动等
表演类	组织开展安全生产文艺汇演，"安全在我心中"演讲会，安全生产书法、漫画、摄影展，安全生产戏剧、曲艺、演唱会，安全生产教育故事会等
竞赛类	组织开展安全生产知识竞赛、查隐患竞赛、安全生产征文竞赛、有奖征答、师徒对抗赛、夫妻擂台赛等
参观类	组织各种参观学习活动，如到兄弟企业参观取经，参观新技术、新方法以及新成果展览会等

图 2-7　活动熏陶法的类型

4. 情景模拟法

通过设置情景，让受教育者获得身临其境的感受，是情景模拟法的主要目的。其形式可以是采用事故预想、事故预案演习、预防救护演习以及应用事故模拟软件，建立类似于真实情景的局部环境，让受教育者进入环境之中或在模拟操作和判断中，获得经验和感受。

5. 言传身教法

在安全生产中，现场主管人员应自觉成为"安全第一，预防为主"方针的模范执行者，并要善于用自己的示范作用和良好素质去激励员工的积极性，使企业形成良好的安全生产氛围。

6. 氛围感染法

干净整洁的作业环境，醒目的警示标志，通俗易懂的宣传标语，严格的规章制度和雷厉风行的管理作风，可以向员工传递一种积极的企业文化和良好的责任感、使命感，也起到了暗示和约束作用。企业员工受到良好环境和氛围的感染，会自觉与周围环境保持一致，产生与周围环境相符合的情绪和行为。

7. 期望激励法

在管理活动中，现场主管人员对下属的期望微妙地影响着员工的工作情绪和工作业绩。当员工感受到上级对他们有正面期望时，往往会努力地、主动地去实现这种期待，做上级期望的事情，有着积极的行为表现和更好的工作业绩。

8. 自我教育法

安全生产教育的目的，是希望通过教育，提升员工的安全意识，实现自动安全生产的转变。由安全生产教育的客体转变为安全生产教育的主体，使外在施压式的学习过程变为一种内在需求的索取过程。随着计算机网络的广泛建立，员工素质的普遍提高，预计自我教育方法将会得到更为广泛的应用。

9. 安全生产教育方法运用的注意事项

安全生产教育的方法多种多样，安全生产教育的形式千变万化。现实中，企业应根据员工的性格、气质、身体素质、年龄、文化素养的不同而使用不同的安全生产教育方式和方法，具体如图2-8所示。

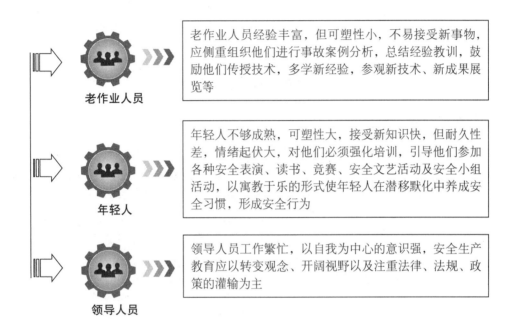

老作业人员经验丰富，但可塑性小，不易接受新事物，应侧重组织他们进行事故案例分析，总结经验教训，鼓励他们传授技术，多学新经验，参观新技术、新成果展览等

年轻人不够成熟，可塑性大，接受新知识快，但耐久性差，情绪起伏大，对他们必须强化培训，引导他们参加各种安全表演、读书、竞赛、安全文艺活动及安全小组活动，以寓教于乐的形式使年轻人在潜移默化中养成安全习惯，形成安全行为

领导人员工作繁忙，以自我为中心的意识强，安全生产教育应以转变观念、开阔视野以及注重法律、法规、政策的灌输为主

图 2-8　不同人员的安全生产教育方法运用

第二节　员工安全教育的内容

一、新员工入厂"三级安全生产教育"

新员工入厂"三级安全生产教育"是指对进厂的新员工、转换岗位的员工以及实习生、临时员工等实行厂级安全生产教育、车间安全生产教育、班组安全生产教育。

1. 新员工安全生产教育的要求

新员工安全生产教育有三点要求，如图2-9所示。

新员工安全生产教育的要求

新员工在进入工作岗位前，必须由企业、车间、班组对其进行劳动保护和安全知识的初步教育，以减少由于缺乏安全技术知识而造成的各种人身伤害事故

企业厂级教育由人事部、设备部、安全办负责；车间级教育由各分厂负责；班组级教育由各车间、班组负责

员工参加各级安全生产教育必须经过考核合格后，方可上岗

图 2-9 新员工安全生产教育的要求

2. 厂级安全生产教育的主要内容

厂级安全生产教育主要包括图2-10所示内容。

内容一 ▶ 讲解劳动保护的重要性和作用，使新员工树立起安全生产的意识

内容二 ▶ 介绍企业的安全概况，包括企业安全工作发展史、企业生产特点、企业设备分布情况等，重点介绍接近要害部位、特殊设备的注意事项，企业安全生产的组织机构，企业的主要安全生产规章制度（如安全生产责任制、安全生产奖惩条例、厂区交通运输安全管理制度、防护用品管理制度以及防火制度等）

内容三 ▶ 介绍国务院颁发的《全国员工守则》、企业员工奖惩条例以及企业内设置的各种警告标志和信号装置等

内容四 ▶ 介绍企业典型安全事故案例和教训，向员工培训抢险、救灾和救人的基本常识，以及发生事故后的报告程序等内容。厂级安全生产教育一般由企业安技部门负责，时间为 4 ~ 16 小时。讲解应与看图片、参观劳动保护教育结合起来，并应给员工发放一本浅显易懂的规定手册

图 2-10 厂级安全生产教育的主要内容

3. 车间安全生产教育的主要内容

车间安全生产教育的主要内容具体如图2-11所示。

车间的概况 ☞	车间生产的产品、工艺流程及其特点；车间人员结构、安全生产组织状况及活动情况；车间危险区域、有毒有害工种情况；车间劳动保护方面的规章制度，对劳动防护用品的使用要求和注意事项等
安全技术基础知识 ☞	如冷加工车间的特点是金属切削机床多、电气设备多、起重设备多、运输车辆多、各种油类多、生产人员多和生产场地比较拥挤等。机床旋转速度快、力矩大，要教育作业人员遵守劳动纪律，穿戴好防护用品，小心衣服、发辫被卷进机器，手被旋转的刀具擦伤
防火知识 ☞	防火知识包括防火的方针，车间易燃易爆品的使用情况和注意事项，防火的要害部位及防火的特殊需要，消防用品放置地点，灭火器的性能、使用方法，车间消防组织情况，遇到火险怎样处理等
纪律意识 ☞	组织新员工学习安全生产文件和安全操作规程制度，教育新员工安全生产的要点和注意事项，生产时要听从上级指挥

图 2-11 车间安全生产教育的主要内容

4. 班组安全生产教育的主要内容

班组是企业生产的第一线，生产活动以班组为基础。由于员工活动在班组，机具设备在班组，因此事故常常发生在班组，所以，班组安全生产教育非常重要。班组安全生产教育主要包括的内容如图2-12所示。

内容一 ▷ **本班组的生产特点、作业环境、危险区域、设备状况、消防设施等**

重点介绍高温、高压、易燃易爆、有毒有害、腐蚀、高空作业等方面可能导致发生事故的危险因素，交代本班组容易出事故的部位和典型事故案例的剖析

内容二 ▷ **本岗位使用的机械设备、工器具的安全事项**

讲解本岗位使用的机械设备、工器具的性能，防护装置的作用和使用方法；讲解本工种的安全操作规程和岗位责任，重点讲解在思想上应时刻重视安全生产，自觉遵守安全操作规程，不违章作业；爱护和正确使用机器设备和工具；介绍各种安全活动以及作业环境的安全检查和交接班制度。告诉新员工发生事故时的注意要点，及时向上级报告，并学会怎样紧急处理险情

图 2-12

内容三 ▷ **正确使用和爱护劳动防护用品及文明生产的要求**

要强调机床转动时不准戴手套操作，进行高速切削时要戴保护眼镜，女工进入车间戴好工帽，进入施工现场和登高作业，必须戴好安全帽、系好安全带，工作场地要整洁，道路要畅通，物件堆放要整齐等

内容四 ▷ **安全操作示范**

组织有经验的老员工进行安全操作示范，边示范、边讲解，重点讲解安全操作要领，说明怎样操作是危险的，怎样操作是安全的，不遵守操作规程将会产生什么后果

图 2-12　班组安全生产教育的主要内容

班组安全生产教育的重点是岗位安全基础教育，主要由班组长和安全员负责教育。安全操作法和生产技能教育可由安全员、培训员负责，授课时间为 4 ~ 8 小时。

新员工只有经过三级安全生产教育并经逐级考核全部合格后，方可上岗。三级安全生产教育成绩应填入员工安全生产教育卡，存档备查。

讲师提醒

安全生产教育是企业必须承担的一项重要义务，是日常工作中不可或缺的一点。《中华人民共和国安全生产法》中明确规定，生产经营单位应当对从业人员进行安全生产教育和培训，保证从业人员具备必要的安全生产知识，熟悉有关的安全生产规章制度和安全操作规程，掌握本岗位的安全操作技能，了解事故应急处理措施，知悉自身在安全生产方面的权利和义务。未经安全生产教育和培训合格的从业人员，不得上岗作业。

二、管理人员安全生产教育

各级管理人员是企业安全工作的主要负责人，对他们的安全生产教育工作与对新员工的安全生产教育有很大的不同。

1. 企业法定代表人和厂长、经理

企业法定代表人和厂长、经理必须经过安全生产教育并经考核合格后方能任职。对企业法定代表人和厂长、经理主要应进行安全生产方针、政策、法规、规章制度、基本安全技术知识、基本安全管理知识的教育。其目的主要是提高他们对安全生产方针的认识，增强安全生产责任感和自觉性；使他们懂得并掌握基本的安全生产技术和安全管理

方法；促使他们关心、重视安全生产，积极做好安全管理工作；以身作则、遵章守纪，并能积极支持安全技术部门的工作，为安全生产提供良好的条件。

2. 企业技术干部

对技术干部的安全生产教育主要包括图2-13所示内容。

图 2-13　对技术干部的安全生产教育的主要内容

3. 企业行政管理人员

对企业行政管理人员教育的主要内容是安全生产方针、政策和法律、法规，安全技术知识以及他们本职的安全生产责任制。目的是使他们提高责任感和自觉性，主动支持安全生产工作。

4. 企业安全生产管理人员

对企业安全生产管理人员教育的主要内容是国家有关安全生产方针、政策、法规和标准，企业安全生产管理，安全技术，劳动卫生知识，安全文化，工伤保险，员工伤亡事故和职业病统计报告及调查处理程序，有关事故案例及事故应急处理措施等内容。

5. 班组长和安全员

班组长和安全员的安全生产教育由企业安全卫生管理部门组织实施。安全生产教育应包括劳动安全卫生法律、法规，安全技术、劳动卫生和安全文化的知识、技能及本企业、本班组和一些岗位的危险因素、安全注意事项，本岗位安全生产职责，典型事故案例及事故抢救与应急处理措施等内容。

三、特种作业人员的安全生产教育

特种作业是指在劳动过程中容易发生伤亡事故，对操作者和他人以及周围设施的安全有重大危害因素的作业。特种作业人员，是指直接从事特种作业的从业人员。

1. 特种作业及人员范围

特种作业及人员范围如图2-14所示。

图 2-14　特种作业及人员范围

2. 特种作业人员的上岗要求

特种作业人员上岗必须具备几个基本条件，如图2-15所示。

年龄满18周岁

身体健康，无妨碍从事相应工种作业的疾病和生理缺陷

初中（含初中）以上文化程度，具备相应工种的安全技术知识，参加国家规定的安全技术理论和实际操作考核并成绩合格

符合相应工种作业特点需要的其他条件

图 2-15　特种作业人员的上岗要求

3. 特种作业人员的教育培训

特种作业人员除参加特种设备监督管理部门组织的培训考核外，还应加强内部的安全生产教育和培训。特种作业人员培训教育形式可采用安全活动日，各种安全会议，班前班后会、标语、简报、播放录像等，开展安全生产经常性教育。特种作业人员教育培训主要包括图2-16所示内容。

内容一	国家有关安全生产法律、法规和规定，特种设备法规及有关安全技术规范
内容二	公司安全管理规章制度及状况，劳动纪律和事故案例
内容三	在用特种设备的性能、结构、工艺特点和安全装置、安全设施、安全监测监控仪器的作用，防护用品的使用和保养方法
内容四	特种设备操作规程和急救措施
内容五	安全生产基本知识，消防知识

图 2-16　特种作业人员教育培训的主要内容

讲师提醒

　　特种作业人员必须取得相关证件才能进行作业。《特种设备作业人员监督管理办法》第二条明确规定，从事特种设备作业的人员应当按照本办法的规定，经考核合格取得"特种设备作业人员证"，方可从事相应的作业或者管理工作。

四、调岗安全生产教育

1. 岗位调换

员工在车间内或厂内换工种，或调换到与原工作岗位操作方法有差异的岗位，以及短期参加劳动的管理人员等，这些人员应由接收单位进行相应工种的安全生产教育。

2. 教育内容

可参照"三级安全生产教育"的要求确定教育内容，一般只需进行车间、班组级安全生产教育。但该岗位的员工若调整为特种作业人员，则需要经过特种作业人员的安全生产教育和安全技术培训，经考核合格，取得操作许可证后方可上岗作业。

五、复工安全生产教育

复工安全生产教育，是指员工伤、病愈复工或经过较长的假期后，复工上岗前的安全生产教育。复工安全生产教育的对象包括因工伤痊愈后的人员及各种休假超过3个月的人员。

1. 工伤后复工的安全生产教育

（1）对已发生的事故进行全面分析，找出发生事故的主要原因，并指出预防对策。

（2）对复工者进行安全意识教育、岗位安全操作技能教育及预防措施和安全对策教育等，引导其端正思想认识，正确吸取教训，提高操作技能，克服操作上的失误，增强预防事故的信心。

2. 休假后复工的安全生产教育

员工常因休假而造成情绪波动、身体疲乏、精神分散、思想麻痹，复工后容易因意志失控或者心境不定而产生不安全行为，导致事故发生。因此，要针对休假的类别，进行复工"收心"教育，即针对不同的心理特点，结合复工者的具体情况，消除其思想上的余波，有的放矢地进行教育，如重温本工种安全操作规程，熟悉机器设备的性能，进行实际操作练习等。

对于因工伤和休假等超过3个月的复工安全生产教育，应由企业各级分别进行。经过教育后，由劳动人事部门出具复工通知单，班组接到复工通知单后，方允许其上岗操作。对休假不足三个月的复工者，一般由班组长或班组安全员对其进行复工教育。

第三节　安全生产教育的精益管理

一、对员工安全教育需求进行分析

员工安全教育需求分析是安全教育开展的前期工作，其内容包括员工岗位安全知识和技能分析、员工工作状况分类、确定培训对象。

1. 员工岗位安全知识和技能分析

不同岗位所从事的工作不同，所需要的安全知识和技能也不相同。一般情况下，危险性较大、操作较复杂的岗位，需要较多的安全知识和较高的安全技能，从事这些岗位的从业人员应首先获得安全教育培训。对于生产条件或生产任务发生了变化，所需安全知识和技能也需要进行调整的岗位的员工，也应安排其进行安全教育培训。因此，员工岗位安全知识和技能的分析是员工安全教育培训需求分析的重要环节。一般可通过以下途径获取员工岗位安全知识和技能信息，如图2-17所示。

途径一	根据岗位分析的资料所确定的该岗位的职责和任职资格来获取，但为了避免因生产经营单位组织结构发生变化而导致信息失真，应与该岗位的直接管理部门取得联系，交流信息
途径二	直接从该岗位的岗位人员处了解相关的安全知识和技能，以及所需安全知识和技能的变化情况
途径三	从相关领导或管理者（如经理）处获取，可要求岗位的直接经理列出他所认为该岗位重要的岗位安全知识和技能，要求所列岗位安全知识和技能应该与本岗位工作有直接关系，且应具体，不能泛泛而谈

图 2-17　获取员工岗位安全知识和技能信息的途径

2. 员工工作状况分类

为了使安全教育培训有的放矢，使安全教育培训对员工真正发挥作用，有必要对员工进行分类。根据员工安全知识、技能状况，可将员工分为岗位安全知识和技能符合要求及不符合要求两类；根据员工工作的安全态度情况，也可将员工分为安全态度好和不好两类。如果按综合安全知识、技能和安全态度进行分类，则可分为四类，如图2-18所示。

第一类 > 安全态度好，岗位安全知识和技能符合要求

> 这一类员工通常是生产经营单位的业务骨干，不仅生产、工作做得好，在安全生产方面也是表率。对这类员工，应以安全激励为主，同时，生产经营单位应该积极考虑他们的职业发展问题，使他们对生产经营单位有良好的归属感

第二类 > 安全态度好，岗位安全知识和技能不符合要求

> 这一类通常属于技术尚不成熟但表现好的员工，应该是生产经营单位安全教育培训的重点对象。由于他们有良好的安全态度，对他们的培训重点应是安全知识和安全技能方面的内容。其中基础素质高的员工，通过安全教育培训，以后可成为第一类员工

第三类 > 安全态度不好，岗位安全知识和技能不符合要求

> 生产经营单位一般很难容忍这类员工继续在岗位上工作下去。对他们首先应进行思想教育，可采用个别谈话的方式，全面了解实情后再考虑是通过培训来转化他们，还是采取其他处理措施，如调换工作、转岗或辞退处理等

第四类 > 安全态度不好，岗位安全知识和技能符合要求

> 对于这一类员工，他们的岗位安全知识和技能已经符合要求，所以要解决的是安全态度问题。可首先进行摸底分析，了解安全态度不好的原因，如是否对安全重要性认识不足？是否片面追求眼前的经济效益？是否对生产经营单位的组织文化、管理理念和管理方式不认同，或没有归属感？然后针对安全态度不好的原因制订培训计划。对该类员工的安全教育培训应侧重于安全态度的转变

图 2-18 员工工作状况分类

根据上述需求分析后，就可以更有针对性、分层次、分类对员工开展安全教育培训。

二、安全生产教育要有计划

企业应根据培训需求的分析，制订安全培训计划，使培训工作在不影响企业正常生产秩序的情况下能够有序进行。安全生产教育计划通常包括以下内容。

（1）培训（教育）目的。

（2）培训（教育）目标。

（3）培训（教育）内容。

（4）培训（教育）内容日程安排。

（5）培训（教育）要求。

（6）培训（教育）的考核。

以下提供某企业的安全生产教育计划，供读者参考。

【精益范本1】 ▶▶

年度安全培训计划

一、培训目的

为了及时有效地使所有从业人员进行安全知识的学习，落实国家安全生产法律法规及公司安全规章制度的要求，提高广大员工安全知识水平和安全操作技能，以减少和避免各类安全事故的发生，特制订公司20××年度安全培训计划，以此来规范公司各类安全培训的管理，保证安全培训教育工作井然有序地开展和落实，确保培训效果及质量。

二、培训目标

1.主要负责人、分管负责人、安全管理人员持证上岗率为100%。

2.特种设备操作人员、特种作业人员持证上岗率为100%。

3.新员工参加三级安全培训、转岗换岗员工培训合格上岗率为100%。

4.员工每年安全再培训参训率为100%，一次培训合格率≥98%。

三、培训内容

1.国家及地方安全生产法律、法规、标准、新出台政策、文件、通知。

2.公司安全管理制度、安全操作规程及相关安全通知文件。

3.安全管理方法知识。

4.危险化学品、机械、电气、防火防爆、交通安全技术知识。

5.职业卫生安全防护知识。

6.劳动防护用品和器具的使用、操作、维护知识。

7.公司事故应急救援知识及事故模拟演练。

8.事故案例分析总结。

四、培训形式

为最大限度保证培训的实效性和渲染力，在进行培训时要以激发员工的学习兴趣为导向，以提升员工的安全素养为目标，灵活创新培训形式，尽量采取员工喜闻乐见、公众易于参加的形式，让员工在无形中受到启发，受到教育，进而达到培训目的。

可采取的培训形式如下。

1. 采用 PPT 课件授课。

2. 召开座谈会讨论。

3. 现场操作演示、展示。

4. 事故模拟演练。

5. 事故案例分析讨论。

五、培训安排

培训安排见下表所示。

序号	培训名称	培训时间	培训学时	培训对象	培训内容	责任部门
1	各部门负责人安全培训	1月	8	负责人、安全员及相关管理人员	安全法律法规、安全管理方法、安全技术知识、事故应急知识、以往事故案例分析	
2	班组长安全培训	2月	8	班组长	安全法律法规、班组安全管理方法、班组安全建设内容、事故应急知识、以往事故案例分析	
3	安全再教育培训	1月、7月	20	全体人员	危险化学品安全技术知识、事故应急救援知识、工艺安全技术知识、相关事故案例知识	
4	20××年安全再教育培训	4月、8月、9月	20	全体人员	危险辨识内容、职业卫生防护知识、相关事故案例知识	
5	20××年安全生产月宣传教育培训	6月	4	全员	20××年安全生产月宣传文字、图片、视频教育内容	
6	20××年安全再教育培训	9月	20	全体人员	危险辨识内容、职业卫生防护知识、相关事故案例知识	
7	20××年安全再教育培训	9月、10月	20	全体人员	机械、电气安全技术知识，职业卫生防护知识，危险作业安全技术操作规程，相关事故案例	

序号	培训名称	培训时间	培训学时	培训对象	培训内容	责任部门
8	三级安全培训教育	上岗前	72	新入厂人员	三级安全教育内容	
9	转岗、离岗人员安全培训教育	上岗前	48	转岗、离岗12个月人员	车间内部转岗为班组级培训内容；车间之间转岗为车间、班组级安全培训内容	
10	检修安全交底培训	检修前	4	参加检修所有人员	检修安全管理制度、危险辨识、危险作业安全措施落实、应急处置事故案例学习	
11	外来施工安全培训	施工队伍作业前	4	入厂施工全体人员	安全规章制度、劳动纪律、安全技术交底、事故案例	
12	新法律、法规、标准培训	识别获取以后	根据内容视情况设定	各部门负责人、分管负责人、安全员	法律、法规、标准适用条款	
13	新工艺、新技术、新材料、新设备安全知识培训	投入运行前	根据内容视情况设定	涉及的管理人员、岗位操作人员	新工艺、新技术、新材料、新设备安全操作知识及注意事项	
14	主要负责人和安全管理人员资格证取证、审证培训	根据安监部门通知安排	安监部门设定	主要负责人和安全生产取证、审证人员	安监部门设定	
15	特种设备操作人员及特种作业人员取证、审证培训	根据安监、质监部门通知安排	安监、质监部门设定	特种作业人员取证、审证人员	安监、质监部门设定	

六、培训要求

1. 各部门要充分认识到教育培训工作在安全管理工作中的重要性，教育培训是端正职工安全态度、强化职工安全意识、提升职工安全知识、提高职工安全素养的重要手段。因此各部门务必按照计划安排要求，如实开展培训工作，若由于特殊原因需要更改培训计划的，须向安全环保部提出申请，并根据实际情况安排临时计划，以保证所有人员都能接受培训教育。

2. 在每次培训前，需要责任部门提前做好培训所需的各项资源（如培训教材、计算机、投影仪、照相机、教学器材设施、培训场所等）的准备工作，同时明确培训讲师，培训讲师要做好授课的各项准备工作。

3. 每次培训后必须对培训效果进行考核，考核形式有：答卷、现场提问、现场操作演示等，考核后必须形成考核记录及总结性评价。

4. 所有安全培训教育必须做好相应的记录档案管理，相关要求如下：每次培训必须有培训教材、培训照片、签到表、记录表。

（1）培训教材要结合本次培训内容进行编写，内容要充实、全面、实用、易懂。

（2）培训过程中必须保存相应的影像资料。

（3）培训实行本人现场签到制，参训人员必须本人在签到表上签字确认参训。

（4）以上培训资料需专人保管，以备查验。

5. 公司各级部门应为安全培训教育提供各方面的资源支持，以保证培训的质量及效果。

七、培训的考核要求

1. 未按照培训计划开展培训的，对责任部门罚款_____元；参训率达不到要求的，对责任部门罚款_____元；合格率达不到要求的，对责任部门罚款_____元。

2. 培训工作准备不到位，敷衍应付的，视情况对责任部门罚款_____~_____元。

3. 培训记录不全、不完整、未规范存档的，视情况对责任部门罚款_____~_____元。

三、要灵活运用各种方式来开展教育

企业要运用各种方式来开展安全教育。

1. 组织学习安全技术操作规程

结合事故案例，讲解违反安全操作规程会造成什么样的危害，启发大家进行讨论，采取什么措施才能做到安全。要防止说教式的照本宣科、枯燥无味的就事论事，不使学习流于形式。这种学习可由班组长、班组安全员、工会小组劳动保护检查员组织，也可由班组成员轮流组织。

2. 结合安全生产检查进行安全技术教育

根据日常安全检查中发现的问题，针对员工的生产岗位，讲解不安全因素的产生和发展规律、怎样做才能避免事故的形成和伤害。

3. 结合技术练兵，组织岗位安全操作的技能训练

安全教育一定要坚持教育与操作实践相结合，例如，岗位练兵、消防演习等。这样，用理论指导实践，实践反过来又推动理论的提高。

4. 结合员工思想动态进行安全教育

员工思想教育方法要讲究科学性。要抓住员工思想容易波动、情绪不稳定的时机，对症下药，深入细致地做好员工思想教育工作。

在对员工进行思想教育时，应着重抓好以下十个环节。

（1）新进人员上岗，病假人员、伤愈人员复工和调换工种人员。

（2）员工精神状态、体力或情绪出现异常。

（3）抢时间、赶任务和员工下班前夕。

（4）领导忙于抓生产或处理事故。

（5）员工受表扬、奖励、批评或处分。

（6）工资晋级、奖金浮动、住房分配、工作变动。

（7）员工遭受天灾人祸。

（8）节假日前后（包括节假日加班）。

（9）重点岗位、重点操作人员。

（10）发生事故后。

5. 签订师徒合同，包教包学

让有经验的老员工带徒弟，言传身教，这是传授安全技术的有效方法。关键是要选择政治思想好、业务技术精、安全素质高、责任心强、作风正派、经验丰富的师傅担任。

6. 开展安全竞赛和安全奖惩

在班组中开展安全竞赛、创无事故纪录活动等，并给予适当奖惩，是促使员工实现安全生产的一种有效手段，也是安全教育的一种基本方法。

7. 采取多样化的教育

正确的认识往往需要多次反复，不可能一次完成。要树立"安全第一"的思想，绝不是一日之功，需要进行长期的、重复的教育才能见成效。但在重复教育中，要力求形式新颖，晓之以理，动之以情，寓教于乐。经常采取一种形式的教育，会导致员工容易从心理上产生反感和抵制，没有"激励性"。为了使教育达到良好的效果，教育形式必须多样化。一般可采取学习班讲课、安全演讲会、研讨会、安全技术讲座、安全知识竞赛、班前班后会、事故分析会、安全活动日以及安全展览、黑板报、广播、电视、电影、文艺演出等形式进行宣传教育。

四、安全生产教育要有记录

每次安全生产教育后必须对培训效果进行考核，考核形式有：答卷、现场提问、现场操作演示等，考核后必须形成考核记录及总结性评价。

　　所有安全生产教育必须做好相应的记录档案管理，每次培训必须有培训教材、培训照片、签到表、记录表。

　　下面提供一些某企业的安全生产教育的培训表格，供读者参考。

【精益范本2】▸▸

员工三级安全教育培训档案

姓名		性别		年龄		文化程度		
参加工作时间				调入时间				照片
工种级别			原工种级别					
从事本工种时间：								
工作部门：								

三级安全培训教育

一、公司（厂）级安全教育

教育内容：国家安全生产法律、法规和方针政策；本公司概况；生产性质及特点；特殊危险场所；安全生产制度和规定；公司内外事故教训；安全基础知识

教育时间：_____

教育成绩：_____

教育人：_____　　受教育人（签名）：_____

二、车间（工段、区、队）级安全教育

教育内容：本车间（工段、区、队）的概况、生产特点；安全生产规定；车间（工段、区、队）危险物品的使用情况及注意事项，危险操作和以往典型事故教训。有毒有害物质的理化性质、中毒症状、预防措施和急救方法等

分配车间（工段、区、队）日期：_____　　教育时间：_____

考试成绩：_____

教育人：_____　　受教育人（签名）：_____

三、班组级岗位安全教育

教育内容：本班组特点；岗位生产特点；岗位责任制；安全操作规程和安全规定；以往事故案例；预防事故措施；安全装置、安全器具、个人防护用品使用方法

分配班组日期：_____　　教育时间：_____

考试成绩：_____

教育人：_____　　受教育人（签名）：_____

包教师傅：_____　　独立操作前考试成绩：_____

【精益范本3】▶▶▶

班组级安全培训签到表

日期			地点	
参加人员	新入职员工		讲师	

主要内容：
　　本班组生产线的安全生产状况、工作性质和职责范围，岗位工种的工作性质、工艺流程，机电设备的安全操作方法，各种防护设施的性能和作用，工作地点的环境卫生及尘源、毒源、危险机件、危险物品的控制方法，个人防护用品的使用和保管方法，本岗位的事故教训

参加人员一览表							
序号	姓名	工号	工种	序号	姓名	工号	工种

【精益范本4】▶▶▶

车间级安全培训签到表

日期			地点	
参加人员	新入职员工		讲师	

主要内容：
1.本车间的生产和工艺流程
2.本车间的安全生产规章制度和操作规程
3.本车间的劳动纪律和生产规则，安全注意事项
4.车间的危险部位，尘、毒作业情况；灭火器材、走火通道、安全出口的分布和位置

参加人员一览表							
序号	姓名	工号	工种	序号	姓名	工号	工种

【精益范本5】▸▸

公司安全培训签到表

日期		地点	
参加人员	新入职员工	讲师	

主要内容：
1. 安全法律法规
2. 机械安全知识
3. 电气安全知识
4. 消防安全知识
5. 安全事故案例
6. 职业病预防与劳动防护

参加人员一览表							
序号	工号	姓名	部门	序号	工号	姓名	部门

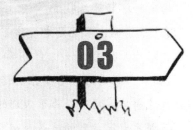

第三章

安全生产
目视化管理

情景导入

　　学员们一走入教室，就看到讲台上摆着一台风扇，风扇上系着红飘带，红飘带随着风在飘舞。还有一卷黄色与黑色间隔条纹的胶带。

　　同学们好奇杨老师今天要做什么，我们不是来上安全培训的课程吗？

　　杨老师看出大家的疑惑，就问："你晚上睡觉之前，若看到客厅里的风扇上飞舞着的红飘带，会做一个什么动作？"

　　"关风扇！"学员们异口同声地说。

　　"为什么看到飞舞着的红飘带，要关风扇？"杨老师问。

　　"因为看到红飘带在飞舞就知道风扇还在转！"学员小彭立即回答。

　　"这是个好主意，我妻子总是埋怨我一整晚一整晚地不关客厅的风扇，我离开客厅时真想不起风扇还开着。"学员小刘恍然大悟。

　　"那，如果我们把黄色与黑色间隔条纹的胶带贴在一个设备前，我们会有什么举动？"杨老师举起那卷胶带。

　　"用这胶带贴出来就是老虎线了，意思是说此处有危险，请注意！"小张得意地说出来。因为他公司刚好做了5S和目视化管理。

　　"没错！"杨老师接着小张的话往下说："为有效提升工作现场的安全管理绩效，我们应通过简单、明确、易于辨别的管理模式或方法，强化现场安全管理，确保工作安全。而刚才大家看到的就是目视化管理。目视化管理是精益管理的重要方法之一，企业运用目视法来管理安全时，其实就是利用颜色刺激人的视觉，达到警示的目的，以起到危险预知的作用。"

　　说完，杨老师提出今天的学习课题和学习目标："我们今天要学习的是安全目视化管理，我们学完要掌握安全目视化工具，并且能够在自己的企业里实际运用，为安全打好坚实的基础。"

第一节　安全目视化工具

一、安全色

安全色是表达安全信息的颜色，表示禁止、警告、指令、提示等意义。应用安全色使人们能够对威胁安全和健康的物体及环境尽快地做出反应，以减少事故的发生。安全色用途广泛，如用于安全标志牌、交通标志牌、防护栏杆及机器上不准乱动的部位等。安全色的应用必须以表示安全为目的，并有规定的颜色范围（图3-1）。

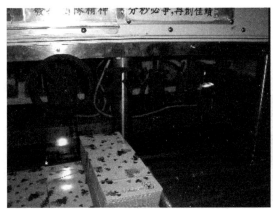

图 3-1　安全标志示例

1. 安全色的含义和用途

在工厂生产中所发生的灾害或事故，大部分是由于人为的疏忽造成的，因此，有必要追究到底是什么原因导致人为的疏忽，研究如何预防工作疏忽。其中，利用安全色彩是很有必要的一种手段。几种安全色的含义和用途如表3-1所示。

表 3-1　几种安全色的含义和用途

颜色	含义	用途举例
红色	禁止 停止	禁止标志 停止信号：机器、车辆上的紧急停止手柄或按钮，以及禁止人们触动的部位
		红色也表示防火
蓝色	指令、必须遵守的规定	指令标志：如必须佩戴防护用具，道路上指引车辆和行人行驶方向的指令

颜色	含义	用途举例
黄色	警告 注意	警告标志 警戒标志：如厂内危险机器和坑池周围引起注意的警戒线 行车道中线 机械上齿轮箱内部 安全帽
绿色	提示 安全状态 通行	提示标志 车间内的安全通道 行人和车辆通行标志 消防设备和其他安全防护设备的位置

注：1. 蓝色只有与几何图形同时使用时，才表示指令。
　　2. 为了不与道路两旁绿色行道树相混淆，道路上的提示标志用蓝色。

2. 对比色

对比色为黑白两种，使用对比色是通过反衬使安全色更加醒目。如安全色需要使用对比色时，应按表3-2执行。

表3-2　对比色表

安全色	相应的对比色
红色	白色
蓝色	白色
黄色	黑色
绿色	白色

注：黑色用于安全标志的文字、图形符号和警告标志的几何图形；白色也可用于安全标志的文字和图形符号；红色和白色、黄色和黑色间隔条纹，是两种比较醒目的标志。

3. 安全色使用标准

安全色使用标准如表3-3所示。

表3-3　安全色使用标准

序号	颜色	使用标准
1	红色	红色表示禁止、停止、消防和危险的意思。凡是禁止、停止和有危险的器件设备或环境，都应涂以红色的标记
2	黄色	黄色表示注意。警告人们需要注意的器件、设备或环境，应涂以黄色标记

续表

序号	颜色	使用标准
3	蓝色	蓝色表示指令，必须遵守的规定
4	绿色	绿色表示通行、安全和提供信息的意思。凡是在可以通行或安全的情况下，都应涂以绿色标记
5	红色和白色相间隔的条纹	红色与白色相间隔的条纹比单独使用红色更为醒目，表示禁止通行、禁止跨越的意思，用于公路、交通等方面所用的防护栏杆及隔离墩
6	黄色与黑色相间隔的条纹	黄色与黑色相间隔的条纹，比单独使用黄色更为醒目，表示特别注意的意思，用于起重吊钩、平板拖车排障器、低管道等方面。相间隔的条纹，两色宽度相等，一般为10毫米。在较小的面积上，其宽度可适当缩小，每种颜色不应少于两条，斜度一般与水平成45度。在设备上的黄、黑条纹，其倾斜方向应以设备的中心线为轴，呈对称状
7	蓝色与白色相间隔的条纹	蓝色与白色相间隔的条纹，比单独使用蓝色更为醒目，用于指示方向，如交通上的指示性导向标
8	白色	标志中的文字、图形、符号和背景色以及安全通道、交通上的标线用白色。标志线、安全线的宽度不小于60毫米
9	黑色	禁止、警告和公共信息标志中的文字、图形都应该用黑色

二、安全标志

安全标志是由安全色、边框和以图像为主要特征的图形符号或文字构成的标志，用以表达特定的安全信息（图3-2和图3-3）。使用安全标志的目的是提醒人们注意不安全的因素，防止事故的发生，起到保障安全的作用。当然，安全标志本身不能消除任何危险，也不能取代预防事故的相应措施。

图3-2　"禁止烟火"的醒目标志

图3-3　"当心机械伤人"警告标志

1. 安全标志的分类

安全标志分禁止标志、警告标志、命令标志、提示标志和补充标志五大类。

（1）禁止标志。禁止标志表示禁止或制止人们做某种动作，其基本形式是带斜杠的圆边框。禁止标志的颜色见表3-4。

表3-4　禁止标志的颜色

部位	颜色
带斜杠的圆边框	红色
图像	黑色
背景	白色

（2）警告标志。警告标志用于促使人们提防可能发生的危险，其基本形式是正三角形边框。警告标志的颜色见表3-5。

表3-5　警告标志的颜色

部位	颜色
正三角形边框、图像	黑色
背景	黄色

续表

部位	颜色
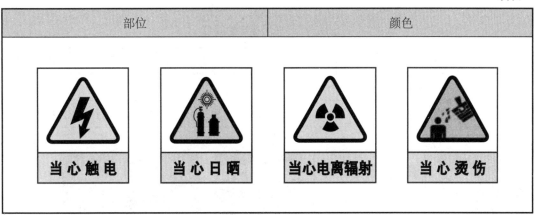	

（3）命令标志。命令标志是必须遵守的意思，其基本形式是圆形边框。命令标志的颜色见表3-6。

表3-6　命令标志的颜色

部位	颜色
图像	白色
背景	蓝色
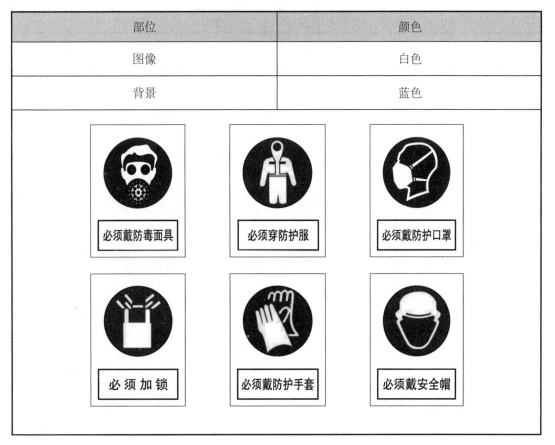	

（4）提示标志。提示标志用于提供目标所在位置与方向性的信息，其基本形式是矩

形边框。提示标志的颜色见表3-7。

表3-7　提示标志的颜色

部位	颜色
图像、文字	白色
背景	一般的提示标志用绿色，消防设备的提示标志用红色

（5）补充标志。补充标志是安全标志的文字说明，必须与安全标志同时使用。

补充标志与安全标志同时使用时，可以连在一起，也可以互相分开。当横写在标志的下方时，其基本形式是矩形边框；当竖写时，则写在标志杆的上部。补充标志的规定见表3-8。

表3-8　补充标志的规定

补充标志的写法	横写	竖写
背景	禁止标志：红色 警告标志：白色 命令标志：蓝色	白色
文字颜色	禁止标志：白色 警告标志：黑色 命令标志：白色	黑色
字体	黑体	黑体

2. 安全标志的设置场所

以下场所应设立安全标志。

（1）作业场所：使用或放置有毒物质及可能导致产生其他职业病危害的作业场所。

（2）设备：可能产生职业病危害的设备上或其前方醒目位置。

（3）产品外包装：可能产生职业病危害的化学品、放射性同位素和含放射性物质材料的产品外包装应设置醒目的警示标志和简要的中文警示说明。警示说明应载明产品特性、存在的有害因素、可能产生的危害、安全使用注意事项以及应急救治措施等内容。

（4）储存场所：储存有毒物质和可能导致产生其他职业病危害的场所。

（5）发生职业病危害事故的现场。

3. 安全标志的设置位置

安全标志应设置在以下位置。

（1）应设在与职业病危害工作场所相关的醒目位置，并保证在一定距离和多个方位能够清晰看到其标示的内容。

（2）在较大的作业场所，应按照相关标准规定的布点原则和要求设置安全标志。对于岗位密集的作业场所，应当选择有代表性的作业点设置一个或多个安全标志；对于分散的岗位，应当在每个作业点分别设置安全标志。

（3）安全标志不得设置在门、窗等可活动物体上；安全标志前不得放置妨碍视线的障碍物（图3-4）。

（4）设置安全标志的位置应具有良好的照明条件（图3-5）。

图 3-4　车间外贴上相关的安全标志

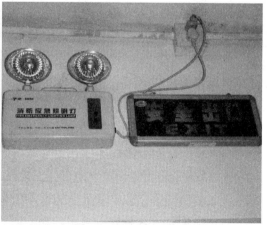

图 3-5　"安全出口"标志

三、安全标语

为了提高员工的安全意识或实施安全作业，工厂可以制作安全标语（图3-6）。

图 3-6　安全生产标语

　　工厂是人、物、设备的集合体，意外事件发生的概率比一般家庭大得多，但真正发生的机会又不大，所以很容易被忽略。一旦发生意外，其后果却是无法估计的，所以对工厂意外事件的防范，绝不能掉以轻心。

　　安全标语的使用，可以提醒大家重视安全，降低意外事件的发生率。

　　在制作安全标语时，要注意考虑以下各种因素。

　　（1）要注意做到与周边环境的完美统一。

　　规划与布置的学问从来都是一种美学，其关键在于如何与环境相协调。比如，关于企业全局性的安全理念应安放在非常醒目、开放性的位置。而在现场则可依据安全隐患的主次关系进行选择，防火重点部位、检修间、运行操作区域的安全标语是有所不同的。

　　（2）要突出本企业安全工作的重点和难点。

　　每个企业都有各自的发展历程和发展战略，宣传工作一定要紧跟企业的发展，不能一成不变。标语也是一样，要做到与时俱进，方能最大限度地发挥标语的警示作用。

　　（3）要充分人性化。

　　制作标语时要把关心人、理解人、尊重人、爱护人作为基本出发点，研究如何采取动之以情、晓之以理的方式方法，适应职工的心理和文化需求，增加安全生产标语的亲和力和感染力，避免居高临下式的空洞说教。

以下是一些可供参考的安全标语。

安全标语三十条

1. 安全第一，预防为主。

2. 人人讲安全，安全为人人。

3. 人人讲安全，事事为安全；时时想安全，处处要安全。

4. 安全人人抓，幸福千万家。

5. 安全生产，人人有责。

6. 安全生产，重在预防。

7. 生产必须安全，安全促进生产。

8. 落实安全规章制度，强化安全防范措施。

9. 安全生产，责任重于泰山。

10. 安全——我们永恒的旋律。

11. 企业负责，行业管理，国家监察，群众监督。

12. 寒霜偏打无根草，事故专找懒惰人。

13. 甜蜜的家盼着您平安归来。

14. 安全来于警惕，事故出于麻痹。

15. 安全是家庭幸福的保证，事故是人生悲剧的祸根。

16. 劳动创造财富，安全带来幸福。

17. 质量是企业的生命，安全是职工的生命。

18. 为安全投资是最大的福利。

19. 麻痹是最大的隐患，失职是最大的祸根。

20. 安全生产，生产蒸蒸日上；文明建设，建设欣欣向荣。

21. 不绷紧安全的弦，就弹不出生产的调。

22. 安全花开把春报，生产效益节节高。

23. 忽视安全抓生产是火中取栗，脱离安全求效益如水中捞月。

24. 幸福是棵树，安全是沃土。

25. 安全保健康，千金及不上。

26. 宁绕百丈远，不冒一步险。

27. 粗心大意是事故的温床，马虎是安全航道的暗礁。

28. 杂草不除禾苗不壮，隐患不除效益难上。

29. 万千产品堆成山，一星火源毁于旦。

30. 重视安全硕果来，忽视安全遭祸害。

各种安全标语如图3-7所示。

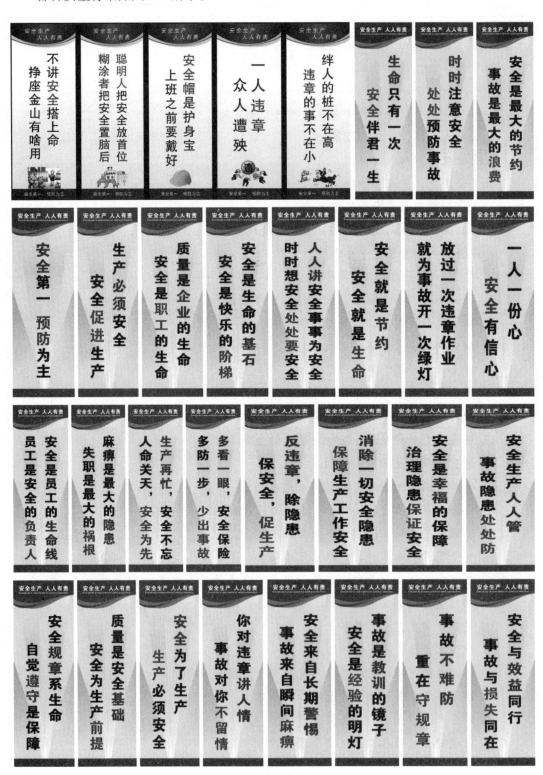

图 3-7　各种安全标语

四、安全看板

企业可以制作安全看板，将安全工作的各种信息通过各类管理板揭示出来，能明显提示相关内容（图3-8～图3-17）。

图3-8 工业安全活动看板

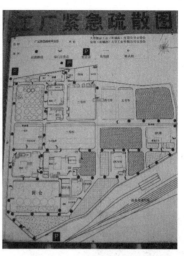

图3-9 工厂紧急疏散图

图3-10 安全教育看板

图3-11 历史事故专栏看板

图3-12 安全通报

图3-13 职业健康安全方针

图 3-14　安全操作规程

图 3-15　操作提示与安全看板

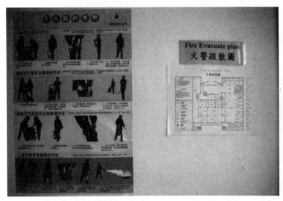

图 3-16　消防安全管理板

图 3-17　车间安全宣传看板

1. 安全管理板

安全管理板是工厂使用广泛的看板，用于宣传安全活动，张贴各种安全公告、指示等。

2. 紧急联络电话看板

在非上班时间，若有意外发生，值班人员除了立即报警之外，还会通知企业有关主管，当然，报警及通知都是用电话来联络的。

除了110及119这两个电话号码之外，附近的派出所、电力公司、自来水公司、煤气公司及各相关主管家里的电话号码，都可能被用到，因为平时很少使用，所以不容易记住，一旦需要用到时，却可能找不到对方的电话号码。

所以，若在警卫室或值班室内设置一个"紧急联络电话看板"，将相关的联络对象的电话号码标示出来（表3-9），肯定有助于警卫或是值班的人员提升对紧急事件的应变能力。

表 3-9 紧急联络电话

紧急响应机构	警察：110 消防：119 救护车：120 派出所： 医院： 自来水公司： 煤气公司： 电力公司：
公司有关主管	董事长： 总经理： 厂长： ……

3.急难抢救顺序看板

当意外事件发生时，相信现场的所有员工都想帮忙，但一般企业发生这种事件的概率并不高，所以，在面对这种必须当机立断来处理的情况时，大家往往会因没有处理的经验，而慌乱得手足无措。

意外事件的处理，往往要争分夺秒，若大家乱了阵脚，势必会延误抢救时机。所以不妨在易发生灾害的场所，设置一些"急难抢救顺序看板"（表3-10），让大家在必要时，可以通过看板上的步骤与指示，能有一个标准动作可以依循，从而能把握"第一时间"，减少意外事件的伤害。

表 3-10 急难抢救顺序看板

急难抢救顺序看板
步骤1：
步骤2：
步骤3：
步骤4：
步骤5：

五、安全隐患标志

生产作业现场内，对于一些存在安全隐患的地方，都要进行相应的标志（图3-18）。

（a）对上下楼梯的安全进行标识　（b）锅炉上的防烫伤警　（c）机器上张贴相关的安全标志
　　　　　　　　　　　　　　　　　　标志

图 3-18　安全隐患标志

1. 安全图画与标志

生产作业现场内的有些地方，如机器运行半径的范围内、高压供电设施的周围、有毒物品的存放场所等，如果不小心的话，很容易发生伤害，所以，基于安全上的考虑，这些地方应被规划为禁区。

大多数员工知道要远离这些禁区，但时间一久，警觉性会降低，潜在的意外发生率则无形中在增加，所以一定要采取目视的方式时时予以警示。

（1）在危险地区的外围上，围一道铁栏杆，让人们即使是想进入，也无路可走；铁栏杆上最好再标示上如"高压危险，请勿靠近"的文字警语（图3-19）。

（2）若没办法架设铁栏杆，可以在危险的部位，刷上代表危险的红漆，让大家心生警惕。

图 3-19　危险提示标志

2. 画上老虎线

在某些既比较危险，又容易为人所疏忽的区域或通道上，在地面或墙面画上老虎线（一条一条的黄黑线斑纹，如图3-20所示），借由人们潜意识里对老虎斑纹的恐惧，来提醒员工注意，告诉员工，现在已经步入工厂"危险"地区，为了自身的安全，每个人都要多加小心。

图 3-20 黑、黄色的相间条纹是一种防撞警示

3. 限高标志

场地不够用，有些企业就会动"夹层屋"的脑筋，即向高空发展。因为一般工厂的厂房比普通建筑物的高度要高许多，所以这种夹层屋可以说是一种充分利用空间的好方法。

但它本身也会给企业带来一些负面的作用，最主要的就是搬运的问题。因为这种"夹层屋"把厂房的高度降低，所以搬运高度就会受到限制。如果搬运的人没有注意到高度的限制，很可能会碰撞到夹层屋，所以最好运用目视的方法让搬运的人注意到高度的限制。

（1）红线管理。假设厂房内搬运的高度设限在5米，可在通道旁的墙壁或铁架上，从地面向上量至5米的地方，画上一条红线，让搬运人员目测判断，他所运送的物品的高度是否超过了红线（5米处），如图3-21所示。

图 3-21　出入通道标明限制高度

（2）防撞栏网。在通道上设置防撞栏网，这个网的底部距离地面的高度刚好是5米，若运输的物品的高度超过5米，会先碰到这个栏网，碰到时，这个栏网并不会损害到所搬运的物品，但它会发出一个信号，让搬运的人很容易知道物品是否超过限高，从而采取相应措施。

4. 易于辨识的急救箱

急救箱最好不要有用到它的机会，万一需要用到它的时候，不但要分秒必争，而且最好是每个人都知道它放在哪里。

一般的急救箱上，均会有一个很明显的红十字，一般人都会知道它是做什么用的，有了这种明确的标志，万一需要用到它的时候，应该是很容易被大家所想到（图3-22）。

图 3-22　急救药箱（不仅用红十字标识，而且要配备常用药品）

第二节　目视安全管理实践

一、人员目视管理

1. 劳保着装

内部员工应按照规定着装。外来人员（参观、指导或学习人员等）和承包商员工进入生产作业场所，着装应符合生产作业场所的安全要求，并与内部员工有所区别。

2. 安全帽

内部员工进入生产作业现场，应按规定佩戴统一着色的安全帽。外来人员（参观、指导或学习人员等）和承包商员工进入生产作业场所，应通过安全帽的颜色或安全帽上的局部标志区别于内部员工。

3. 入厂（场）许可证

所有人员进入固定生产作业区域都应经过安全培训，佩戴许可证。内部员工、长期承包商员工、临时承包商员工及外来人员的入厂（场）许可证颜色和信息应有区别。内部员工、长期承包商员工的入厂（场）许可证信息可包括部门、姓名、岗位、编号以及本人照片；外来人员及临时承包商员工的入厂（场）许可证应有编号。

4. 特种作业资格

从事特种作业的人员应具有有效特种作业资格，并经生产部门岗位安全培训合格，佩戴特种作业资格合格的目视标签。该标签应有本人姓名、作业工种、特种作业资格证书的有效期等基本信息。标签应简单、易懂，不影响正常作业，员工应将其佩戴在醒目位置。

另外对从事进入受限空间、高处作业等的人员，应经过生产部门的岗位安全培训并考核合格，佩戴相应的目视标签。该标签上应有本人姓名并佩戴在醒目位置。

二、工器具目视管理

1. 脚手架

应用警示牌来标明脚手架的使用状态，具体执行《脚手架作业安全管理规范》。

2. 压缩气瓶

应使用外表面涂色、警示标签及状态标签对压缩气瓶进行目视管理。外表面涂色和字样的相关要求具体执行标准《气瓶颜色标志》（GB/T 7144—2016）；警示标签的相关要求具体执行标准《气瓶警示标签》（GB/T 16804—2011）；同时应用状态标签标明气瓶的使用状态（满瓶、空瓶、使用中、故障）。

3. 其他工器具

除脚手架、压缩气瓶以外的其他工器具，应在其明显位置粘贴关于检查日期、使用状态（合格、不合格）的标签，以确认该工器具合格。不合格、标签超期及未贴标签的工器具不得使用。所有工器具的使用者都应在使用前再次对其进行目视检查。

三、设备目视管理

1. 设备颜色

企业应参照《地面管线和设备涂色规范》，在设备的明显部位标注设备名称或编号。

2. 设备标志牌

企业应在设备明显位置设置标志牌，标志牌上可包括设备基本信息、责任人以及使用状态等内容。对因误操作可能造成的严重危害的设备，应在设备旁悬挂安全操作注意事项的提示牌。

3. 控制按钮、开关

应在设备控制盘按钮及指示装置上标注其名称，外文名称应翻译成中文，或在明显位置标明中外文对照表。厂房或控制室内电气按钮、开关都应标注控制对象。

4. 润滑器具

设备润滑器具应分类摆放。应在各类加油桶、加油壶以及设备的加油点设置包括油品名称、牌号等基本信息的标志。

四、工艺目视管理

1. 管线、阀门

企业应参照《管道安全标志色管理规范》《面管线和设备涂色规范》，在管线上标明介质名称、流向，在控制阀门上悬挂或粘贴显示工位号或编号、使用状态的耐用标签。

2. 仪表

企业应在就地指示仪表上标出仪表的工作范围，粘贴校验合格标签。对于远传仪表，应在现场悬挂显示工位号或编号的耐用标签。

3. 化学品器具

不同的化学品应分类摆放，企业应对盛装器具设置标志。标志应包括化学品名称、危害等级等基本信息。

五、生产作业现场的目视管理

1. 生产作业现场的标志

（1）生产作业现场的安全标志执行《安全标志及其使用导则》（GB 2894—2008）。

（2）应使用红、黄指示线区分固定生产作业区域的不同危险状况。红色指示线告知人们有危险，未经许可禁止进入；黄色指示线提醒人们有危险，进入时应注意。

（3）应在重要的生产作业区域设置巡检标志，标志应包括巡检路线、时间、内容等基本信息。

（4）废旧物资应分类存放并标示清楚。

（5）应对消防通道、逃生通道、逃生设施设置标志，并且清楚、便于识别。

（6）应对生产作业现场平台楼梯的第一和最后一级台阶标示黄色安全色，对不易区分高层楼梯的任何台阶处标示黄色安全色。应对移动式梯子最上面两个踏步标示红色安全色，红色安全色表示禁止在该踏步上作业。安全色的使用应考虑夜间环境。

2. 生产作业现场的隔离

（1）生产作业现场的隔离分为警告性隔离、保护性隔离。

（2）实施警告性隔离时，应采用安全专用隔离带标示出隔离区域。安全专用隔离带应固定在稳固立柱上并距离地面1.2米。警告性隔离适用于临时性维修区域（如承包商作业区域等）、安全隐患区域（如临时物品存放区域等）以及其他禁止人员随意进入的区域。

（3）实施保护性隔离时，应采用围栏标示出隔离区域。围栏可使用木板或金属板等。保护性隔离适用于容易造成人员坠落、有毒有害物质喷溅、路面施工以及其他防止人员随意进入的区域。

（4）应采用隔离挂签对安全专用隔离带、围栏进行标示。隔离挂签应由隔离者挂在安全专用隔离带、围栏上，并注明隔离的原因与日期。隔离挂签可分红色和黄色，红色表明未经批准禁止进入，黄色表明要谨慎查看安全状况后方可进入。

（5）使用的安全专用隔离带、围栏应在夜间容易识别。隔离区域应尽量减少对外界的影响，对于有喷溅、喷洒区域的隔离，应有足够的空间。隔离应在危险消除后立刻拆除。

3.定置管理

作业现场长期使用的机具、车辆（包括厂内机动车、特种车辆）、消防器材、急救设施等物件，应根据需要摆放在指定的安全位置。应对物件的摆放位置明确标示（可在周围画线或以文字标示，如图3-23所示）。标示出的文字应与其对应的物件相符，并易于辨别。

图 3-23　消防器材定位

下面提供一份某企业的安全目视管理标准，供读者参考。

【精益范本】▸▸

现场安全目视管理标准

1.目的
通过对人员、工用具、设备、工艺和生产作业场所采取简单、明确、易于辨别的目视化管理方法，方便工作现场的安全管理，确保作业安全。

2.适用范围
本标准适用于生产作业场所现场安全管理。

3.标准内容
3.1 人员目视管理

3.1.1 劳保着装

公司员工（含操作运行类承包商）按照《公司员工个人劳动防护管理办法》的

规定着装；外来人员（参观、指导或学习等）和其他承包商员工进入公司生产作业场所时，其劳保着装必须符合该作业场所的安全要求。

3.1.2 安全帽

（1）安全帽颜色标准如下所示。

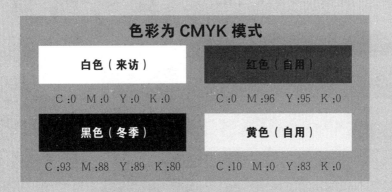

（2）安全帽粘贴标识（黑色）如下所示。

作业区简称＋用途＋编号（站号＋序号）（方正大黑简体50号字），举例如下。

采三备用 051
采三来访 051

3.1.3 准入许可证（胸牌）

所有人员进入生产作业场所前必须经过安全培训，考核合格后，佩戴入厂许可证方可进入生产作业现场。

（1）直属单位领导、外来人员及油田公司、直属单位组织检查、现场办公、临时来访等相关人员一律佩戴白色准入许可证；安全监督人员佩戴蓝色准入许可证；本单位现场操作员工佩戴绿色准入许可证（特种作业人员准入许可证需粘贴合格目视标签）；承包商员工佩戴黄色准入许可证。

（2）准入许可证必须在进行安全培训的相应部门编号归档并定期更新。

（3）准入许可证样式和规格统一，可由各单位自行印制发放。常用样式有以下几种。

3.1.4 特种作业资格合格目视标签

从事下列特种作业及设备操作的人员，必须持有有效的、国家法定的特种作业资格证书，经过生产单位的培训并考核合格后，员工可领取特种作业资格合格目视标签（见下图），并粘贴于准入许可证左侧，然后方可从事相应的工作。

（1）锅炉作业。

（2）压力容器作业。

（3）金属焊接切割作业。

（4）厂内机动车作业。

（5）起重机械作业。

（6）电工作业。

（7）登高架设作业。

（8）危险物品作业。

特种作业资格合格目视标签

3.2　工用具目视管理

3.2.1　阶梯

现场使用的平台楼梯或临时搭设的阶梯踏步四周应刷黄色安全色；不易区分高差、存在绊倒隐患的台阶处应刷黄色安全色。如夜间照明不足，则应使用反光漆。

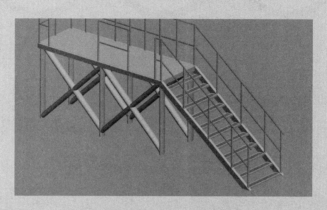

梯子本体为灰色，扶手以及护板均为蓝色

3.2.2　压缩气瓶

压缩气瓶外表面涂色和字样执行标准《气瓶颜色标志》（GB/T 7144—2016）；气瓶应粘贴符合标准《气瓶警示标签》（GB/T 16804—2011）的安全警示标签；现场使用气瓶应悬挂红色"满瓶、使用中、空瓶、故障"的气瓶状态标签。

3.3　设备目视管理

3.3.1　设备范围

包括生产、运营、试验等活动中可供长期使用的设备、辅助设备及其附件等物质资源。

3.3.2　管理内容与要求

（1）设备投用前应在设备明显部位标注明确的设备名称及编号。

常用的设备编号标识如下（根据设备种类和大小自行调整颜色及尺寸，但同一类型设备的编号标识应保持颜色及大小一致）。

设备管理卡			
设备编号		管理区域	
设备名称			
设备状态	停用	启用	故障
负责人			

（2）投用设备后应制作"设备状态指示牌"，设备状态指示牌分为"运行""停运""备用""待修""检修"五种，根据设备的不同状态挂不同的指示牌。

悬挂式（双面相同，统一挂绳颜色和悬挂长度）

运 行	停 运	待 修	检 修

插入式（双面相反，统一高度）

（3）设备控制盘按钮及指示装置应标注指示及说明，有英文说明的，应翻译成中文后标注，或在明显位置标明中英文对照表。

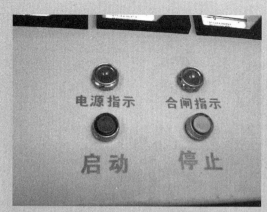 

（4）设备厂房或电气控制室开关应有标签标注控制对象，标签的样式、大小、字体应保持统一，以基层队为单位印制和下发。

（5）重点设备、设施在投产正常后应设置区域责任管理牌，样式见下图。

（6）必须针对可能对设备造成严重危害的操作设置安全警示标志。

① 国标禁止类标志如下。

国标禁止类

② 国标提示类标志如下。

国标提示类

③常规提示类标志如下。

常规提示类

（7）污油桶、储油桶、水桶等承装器皿应用颜色区分用途，桶身中间位置设置用途标识和编号，放置在指定区域内，若有破损应补齐。

3.4　工艺目视管理

3.4.1　管线、阀门

管线必须刷安全色或色环，同时标明介质名称、工位号和工艺流向。重要控制阀门应悬挂含有工位号（编号）、名称等基本信息的标签（部件识别卡）。

工序号：

井 号	××50-21-15

介质流向标识：

注:标识为长方形，长宽比例3：1;红底黄字或黄底红字;字体为方正大黑简体;标识的顺序为介质名称＋工位号＋流向箭头。

部件识别卡			
部件名称			
部件用途			
校验周期			
使用状态	停用	启用	故障
温馨提示			

3.4.2　指示仪表

（1）工艺、设备附属压力表、温度表、液位计等指示仪表应用透明色条标识出正常工作范围，还应设有合格标签和警示标线。

（2）压力表警示标线为矩形，红色，长度为表盘半径的1/3，以表盘外圈为基准面粘贴，班组可视压力表种类自行设置标线宽度，但须保持同一种类压力表的标线大小一致。

表盘

（3）应在仪表控制盘及指示装置上标注控制按钮和开关的名称。厂房或控制室内用于照明、通风、报警等的电气按钮、开关都应标注控制对象。

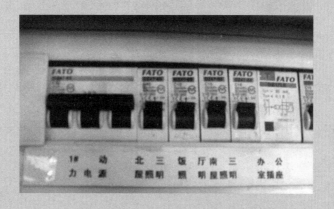

3.5　生产作业现场目视管理

3.5.1　标准化现场

工作或作业场所应实行标准化现场管理，主要包括如下内容。

（1）应在生产作业场所地面使用红、黄指示线标识出危险区域、警告区域。警示通道宽度为 0.5 米。

生产区域或设备

（2）生产作业场所消防通道、逃生通道、逃生设施的标识和设置应清楚、明显、合理、便于识别。

（3）急救设施应摆放在明显、便于取用的位置，并设有标识。

（4）安全警示标志应规范设置，在工作或作业场所设置安全标志时执行《安全标志及其使用导则》（GB 2894—2008），并注意以下两点。

①警示标志应具有针对性，应设在醒目的地方和它所指示的目标物附近；应使操作人员能识别出它所指示的信息属于哪一类对象；避免集中设置。

②应保证安全标志在夜间清晰可辨。

（5）各种工具、用具、便携式仪器等应规范摆放，实行定置管理。

（6）废旧物资的处理应符合安全和环保要求；临时作业现场的恢复应及时、规范，做到"工完、料尽、场地清"，不留下任何隐患。

（7）室内工作场所应设置"HSE 对标管理卡"，室外工作场所重要巡检点应设置巡检标牌。

3.5.2 作业或工作区域的隔离和标识

（1）工作场所内如存在下列情况，则必须用围绳（安全专用隔离带）或围栏隔离出不同工作区域，如维修作业区域、承包商作业区域、走道区域等。

① 存在危险（风险）的地点或作业区域，如坑、设备故障和泄漏地方等。

② 维修工作具有危险性。

③ 施工、高危作业等易发生事故的情况。

（2）隔离分为警告性隔离和保护性隔离。

① 警告性隔离适用于临时性施工、维修区域（如承包商作业区域等），安全隐患区域（如临时物品存放区域等）以及其他禁止人员随意进入的区域。实施警告性隔离时，应采用专用隔离带标识出隔离区域并且悬挂隔离标签。

② 保护性隔离适用于容易发生人员坠落、有毒有害物质喷溅、路面施工以及其他防止人员随意进入的区域。实施保护性隔离时，应采用围栏标识出隔离区域。现场人员应谨慎查看并确认安全状况后方可进入。

（3）隔离要求具体如下。

① 围绳隔离：适用于警告性的区域隔离，是用一条安全专用隔离带将需要防护的区域围起来，围绳的高度距地面120厘米左右，围绳应绑在稳固的立柱上。

② 对于可能产生飞溅、喷洒的区域进行隔离时，必须围出足够的空间，并要尽量避开行人通道。

③ 隔离应在危险消除后立刻拆除。

（4）隔离标签的相关要求如下。

① 隔离标签必须由隔离者挂在围绳及围栏上，并在标签上填注隔离的理由与日期。标签分为两种，红色为禁止标签，黄色为危险标签。

a. 红色禁止标签。

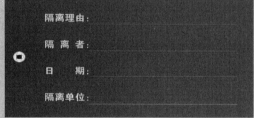

b. 黄色危险标签。

② 当所挂标签为红色（禁止）时，只有在此工作的人员才可以进入隔离区，其他人员必须经过在隔离区内工作的人员或是其主管授权后才可进入；工作交接班时，接班人必须检查隔离区安全状况。

③ 当所挂标签为黄色（危险）时，凡是欲进入隔离区者，必须谨慎查看安全状况，确认没有危险后方可进入。

3.5.3 定置管理

为了使生产作业现场使用的机具、消防器材、工用具、急救设施、便携式仪器等物件放置整齐有序、取用方便、符合规范，企业应对上述物件实行定置管理。具体做法是在这些物件周围画线（必要时可增加文字标识），标明其放置的位置，物件移走后，能清楚识别出该位置对应的物件。

第四章
危险源预知
预防

情景导入

今天，杨老师在上课前将大家分成四人一组，每组各发了一张图片，每张图片展示的是不同的场景，有在车间的场景，有在仓库的场景，有在电焊作业的场景，有在密闭空间作业的场景。杨老师要求大家尽可能地把这些场景中的危险源找出来。

有的小组学员找出了许多危险源，而且列成了清单，有的小组学员却很茫然，找不出来，有的小组学员甚至在嘀咕"什么是危险源啊？"

"这些场景大家是不是很熟悉啊？"杨老师待大家都不再埋头在图片中寻找危险源时问道。

"嗯！"很多学员回应。

"大家做这个练习有什么感受呢？"杨老师问道。

"哎，没想到仔细去查看，我们的作业现场会有那么多的危险源，真是危险无处不在啊！"列出危险源清单的A组一个学员感慨道。

"请你解释一下这些危险源，好吗？其他同学请认真听，课后再一起就手中的图片重新寻找！"杨老师说。

A组学员开始解释他们列出来的危险源。

"A组非常棒！我们要知道，安全管理是预防管理，安全管理的核心内容就是风险管理，那么一切工作都围绕危险源来进行，危险源辨识是第一步。"杨老师说。

"那怎么去辨识呢？"有学员问。

杨老师："危险源的辨识有多种方法，如询问、交谈、问卷调查、现场观察、查阅有关记录等，要熟练掌握这些方法，以便能以最快的速度找出危险源。"

"当然，危险源辨识只是第一步，关键是控制！控制危险源的措施非常多，如技术控制、人行为的控制、明确责任、定期检查等。这些都是我们在安全管理中必须掌握并运用于实际的。"

学员们都很认真地听，尤其是那些在寻找图片中危险源时很茫然的学员，更是非常专注！

第一节　危险源的认知

危险源是生产作业中潜在的不安全因素，如不对其进行防护或预防，有可能导致事故发生。在安全精益化管理中，要把企业中的各种危险源都能够辨识出来，并制定相应的预防措施，以确保事故没有发生的可能。

一、危险源的分类

根据危险源在事故发生、发展中的作用，可将危险源分为两类，即第一类危险源和第二类危险源。

1. 第一类危险源

根据能量意外释放论，事故是能量或危险物质的意外释放，作用于人体的过量的能量或干扰人体与外界能量交换的危险物质是造成人员伤害的直接原因。于是，把系统中存在的、可能发生意外释放的能量或危险物质称作第一类危险源，例如带电的导体、奔驰的车辆等。

图4-1中列出了可能导致各类伤亡事故的第一类危险源。

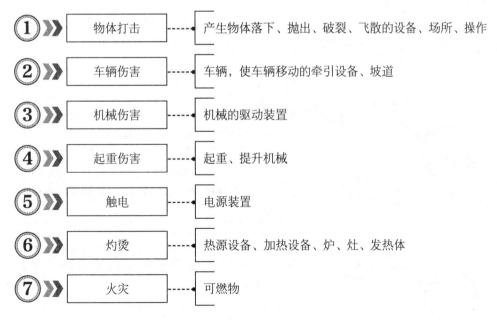

图 4-1

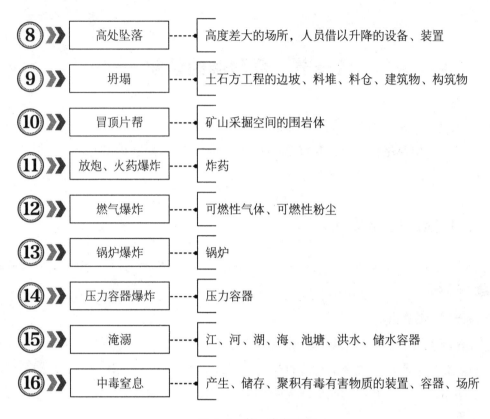

图4-1 第一类危险源

2. 第二类危险源

导致能量或危险物质约束或限制措施被破坏或失效的各种因素称作第二类危险源，它包括人、物、环境三个方面的问题，如图4-2所示。

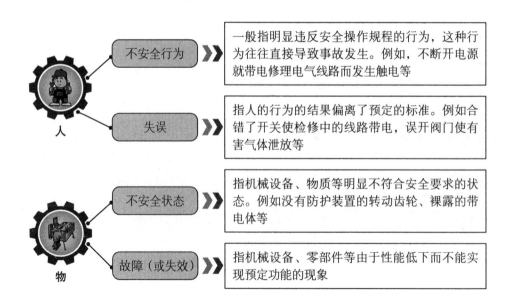

人	不安全行为	一般指明显违反安全操作规程的行为，这种行为往往直接导致事故发生。例如，不断开电源就带电修理电气线路而发生触电等
	失误	指人的行为的结果偏离了预定的标准。例如合错了开关使检修中的线路带电，误开阀门使有害气体泄放等
物	不安全状态	指机械设备、物质等明显不符合安全要求的状态。例如没有防护装置的转动齿轮、裸露的带电体等
	故障（或失效）	指机械设备、零部件等由于性能低下而不能实现预定功能的现象

环境主要指系统运行的环境，包括温度、湿度、照明、粉尘、通风换气、噪声和振动等物理环境，以及企业和社会的软环境

环境

图 4-2　第二类危险源

3. 两类危险源的关系

一起事故的发生是两类危险源共同作用的结果。第一类危险源的存在是事故发生的前提，第二类危险源的出现是第一类危险源导致事故的必要条件。

第二类危险源的控制应该在第一类危险源控制的基础上进行，与第一类危险源的控制相比，第二类危险源是一些围绕第一类危险源随机发生的现象，对它们的控制更困难。

二、危险源的时态与状态

企业生产活动中的三种时态和三种状态有各种潜在的危险，在危险源辨识时，也应考虑危险源的三种时态和三种状态。

1. 危险源的三种时态

危险源的三种时态是指危险源的过去、现在和将来，如图4-3所示。

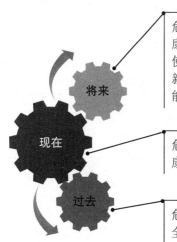

将来

现在

过去

危险源的将来时态是指组织将来产生的职业健康安全问题。如将来潜在的法律、法规的变化使计划中的活动可能带来的职业健康安全问题，新项目引入、研发新产品、进行工艺设计时可能带来的职业健康安全问题等

危险源的现在时态是指组织现在产生的职业健康安全问题

危险源的过去时态是指以往遗留的职业健康安全问题和过去发生的职业健康安全事故等。如过去化学品使用常发生伤人事件

图 4-3　危险源的三种时态

2. 危险源的三种状态

危险源的三种状态是指危险源的正常、异常和紧急状态，如图4-4所示。

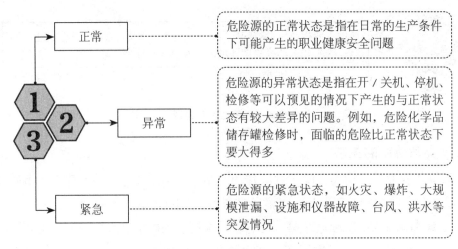

图 4-4　危险源的三种状态

三、危险源的存在场所

辨识危险源时应注意企业中存在危险源的业务活动和活动场所，危险源的存在场所如图4-5所示。

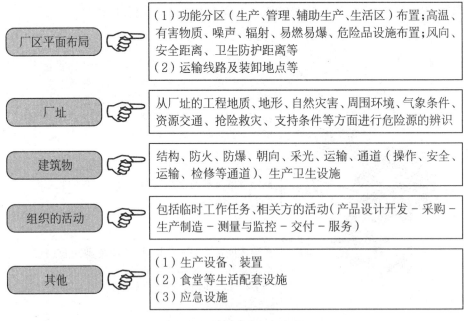

图 4-5　危险源的存在场所

第二节　危险源的辨识

一、危险源辨识的步骤

进行危险源辨识时，应注意如图4-6所示的步骤。危险品安全告知牌见图4-7。

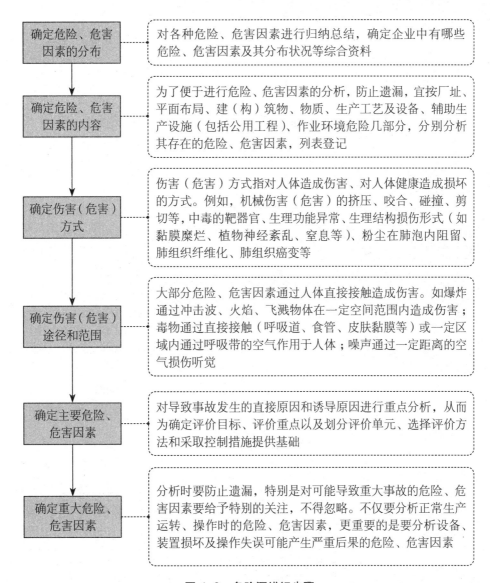

确定危险、危害因素的分布	对各种危险、危害因素进行归纳总结，确定企业中有哪些危险、危害因素及其分布状况等综合资料
确定危险、危害因素的内容	为了便于进行危险、危害因素的分析，防止遗漏，宜按厂址、平面布局、建（构）筑物、物质、生产工艺及设备、辅助生产设施（包括公用工程）、作业环境危险几部分，分别分析其存在的危险、危害因素，列表登记
确定伤害（危害）方式	伤害（危害）方式指对人体造成伤害、对人体健康造成损坏的方式。例如，机械伤害（危害）的挤压、咬合、碰撞、剪切等，中毒的靶器官、生理功能异常、生理结构损伤形式（如黏膜糜烂、植物神经紊乱、窒息等）、粉尘在肺泡内阻留、肺组织纤维化、肺组织癌变等
确定伤害（危害）途径和范围	大部分危险、危害因素通过人体直接接触造成伤害。如爆炸通过冲击波、火焰、飞溅物体在一定空间范围内造成伤害；毒物通过直接接触（呼吸道、食管、皮肤黏膜等）或一定区域内通过呼吸带的空气作用于人体；噪声通过一定距离的空气损伤听觉
确定主要危险、危害因素	对导致事故发生的直接原因和诱导原因进行重点分析，从而为确定评价目标、评价重点以及划分评价单元、选择评价方法和采取控制措施提供基础
确定重大危险、危害因素	分析时要防止遗漏，特别是对可能导致重大事故的危险、危害因素要给予特别的关注，不得忽略。不仅要分析正常生产运转、操作时的危险、危害因素，更重要的是要分析设备、装置损坏及操作失误可能产生严重后果的危险、危害因素

图 4-6　危险源辨识步骤

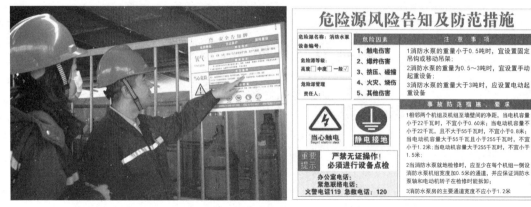

图 4-7 危险品安全告知牌

二、危险源辨识的方法

危险源辨识的方法很多，具体如图4-8所示。

 询问、交谈 → 在企业中，有丰富工作经验的老员工，往往能指出其工作中的危害。从指出的危害中，可初步分析出工作中存在的一、二类危险源

 问卷调查 → 问卷调查是指事先准备好一系列问题，通过到现场查看及与作业人员交流沟通的方式，来获取职业健康安全危险源的信息

 安全检查表（SCL） → 运用已编制好的安全检查表（safety check list），对组织进行系统的安全检查，可辨识出存在的危险源

 现场观察 → 通过对作业环境的现场观察，可发现存在的危险源。从事现场观察的人员，要求具有安全技术知识并掌握职业健康安全法规、标准

 查阅有关记录 → 查阅企业的事故、职业病的相关记录，可从中发现存在的危险源

获取外部信息 → 从有关类似组织、文献资料、专家咨询等方面获取有关危险源信息，加以分析研究，可辨识出组织存在的危险源

 工作任务分析 → 通过分析组织成员工作任务中所涉及的危害，可以对危险源进行识别

危险与可操作性研究 → 危险与可操作性研究（hazardand operability study，HOS）是一种对工艺过程中的危险源实行严格审查和控制的技术。它是通过指导语句和标准格式寻找工艺偏差，以辨识系统存在的危险源，并确定控制危险源风险的对策

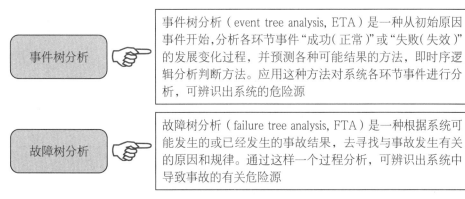

图 4-8　危险源辨识的方法

三、危险源登记

经过危险源辨识后，得到大量的危险源信息。对这些信息登记整理和归档保存是一项非常重要的工作。

为对危险源实行有效管理，可以使用两种汇总方法：一种是按危险源分类，如物理性危险、化学性危险等；另一种是按产生职业健康安全问题的部门或过程分类，如储运、生产、研究开发、销售、服务等。

【精益范本1】▶▶▶

危险源辨识与风险评价调查登记表（安全、设备）

部门：　　　　　　　　　　姓名：　　　　　　　　　　　___年__月__日

作业场所	工作程序		岗位
涉及安全的危险因素			
类别	是否存在 （√、×）	严重性等级	可能性等级	预防措施
物体打击				
车辆伤害				
机械伤害				
起重伤害				
触电				
淹溺				

续表

涉及安全的危险因素				
类别	是否存在（√、×）	严重性等级	可能性等级	预防措施
灼烫				
火灾				
高处坠落				
锅炉爆炸				
容器爆炸				
其他爆炸				
中毒和窒息				
其他伤害				

填写人：　　　　　　　　　　　　　　　　审核人：

【精益范本2】▸▸

危险源辨识与风险评价调查登记表（职业危害）

部门：　　　　　　　　姓名：　　　　　　　____年__月__日

作业场所	工作程序	岗位

涉及职业危害因素				
类别	是否存在（√、×）	严重性等级	可能性等级	预防措施
粉尘				
高温与低温				
震动				
噪声				
辐射				
毒物				
照度				
生物危害				
人机工效危害				
心理因素危害				

填写人：　　　　　　　　　　　　　　　　审核人：

四、危险源评价

危险源评价是指根据某一危险情况发生的可能性及后果的严重性，通过两方面综合分析来确定危险的大小，危险源评价的方法要联系实际，参照以往的经验和控制效果确定，并在实际工作中不断探索改进。以下介绍是非判断法与作业条件危险性评价法。

1.是非判断法

是非判断法是指直接根据国内外同行业事故资料及有关工作人员的经验判定为重要危险因素。凡具备如图4-9所示条件的危险因素均应视为重要危险因素。

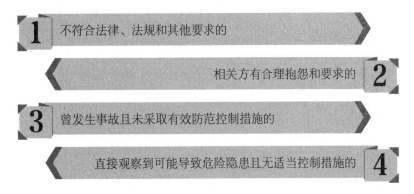

图4-9 视为重要危险因素的条件

2.作业条件危险性评价法

作业条件危险性评价法是指根据三种因素来评价人员伤亡风险的大小：发生事故的可能性大小（用 L 表示）；人体暴露在这种危险环境中的频繁程度（用 E 表示）；一旦发生事故造成的损失后果（用 C 表示）。危险性大小（用 D 表示）为三个因素分值的乘积，公式为

$$D=LEC$$

三个因素的取值标准具体如表4-1～表4-3所示。

表4-1 发生事故的可能性大小（L）

分数值	事故发生的可能性
10	完全可以预料
6	相当可能
3	可能，但不经常

分数值	事故发生的可能性
1	可能性小，完全意外
0.5	很不可能，可以设想
0.2	极不可能
0.1	实际不可能

表 4-2　人体暴露在这种危险环境中的频繁程度（E）

分数值	人体暴露在这种危险环境中的频繁程度
10	连续暴露
6	每天工作时间内暴露
3	每周一次或偶然暴露
2	每月一次暴露
1	每年几次暴露
0.5	罕见的暴露

表 4-3　发生事故造成的损失后果（C）

分数值	发生事故造成的损失后果
100	大灾难，许多人死亡
40	灾难，数人死亡
15	非常严重，一人死亡
7	严重，重伤
3	重大，致残
1	引人注目，需要救护

确定了上述3个具有潜在危险性的作业条件的分值，并按公式进行计算，即可得出危险性分值。据此，要确定危险性程度时，可按下述标准进行评定，如表4-4所示。

表 4-4　危险等级划分（D）

分数值	发生事故产生的后果	危险等级
> 320	极其危险，不能继续作业	5
160 ~ 320	高度危险，要立即整改	4
70 ~ 160	显著危险，需要整改	3
20 ~ 70	一般危险，需要注意	2
< 20	稍有危险，可以接受	1

讲师提醒

D值大说明危险性大，需要增加安全措施，或降低事故的可能性，或减少人体暴露于危险环境中的频繁程度，或减少事故损失，直到将其调整到允许范围。

第三节　危险源的管控

危险源控制（hazard control）是指利用工程技术和管理手段消除、控制危险源，防止危险源导致的事故发生，以免造成人员伤害和财产损失。

一、对危险源进行技术控制

技术控制是指采用技术措施对危险源进行控制，主要技术有消除、控制、防护、隔离、监控、保留和转移等。

二、对危险源进行人行为控制

人行为控制是指控制人为失误，减少人的不正确行为对危险源的触发作用。人为失误的主要表现形式有：操作失误，指挥错误，不正确的判断或缺乏判断，粗心大意、厌烦、懒散、疲劳、紧张、疾病或生理缺陷，错误使用防护用品和防护装置等。要想做好人行为控制，首先要加强教育培训，做到人的行为安全化；其次应做到操作安全化。

三、对危险源进行管理控制

企业要对危险源实行管理控制，可以采取如表4-5所示的措施。

表4-5　管理控制的措施

序号	措施	具体说明
1	建立健全危险源管理的规章制度	危险源确定后，企业应在对其进行系统分析的基础上建立健全各项规章制度，包括岗位安全生产责任制、危险源重点控制实施细则、安全操作规程、操作人员培训考核制度、日常管理制度、交接班制度、检查制度、信息反馈制度、危险作业审批制度、异常情况应急措施和考核奖惩制度等
2	明确责任、定期检查	（1）应根据各危险源的等级，确定好责任人，明确其责任和工作重点，特别是要明确各级危险源的定期检查责任。除了作业人员必须每天自查外，各级领导还要定期参加检查。对于重点危险源，应做到公司总经理等高层领导半年检查一次，分厂厂长月查，车间主任周查，工段、班组长日查。对于普通的危险源，也应制订出详细的检查计划 （2）要对照检查表，逐条逐项地按规定的方法和标准进行检查，并进行详细的记录。如果发现隐患，则应按信息反馈制度及时反馈，并及时消除，确保安全生产。如果没有按要求检查而导致事故发生的，应依法追究相关责任人的责任 （3）专职安全技术人员要对各级人员的检查情况进行定期检查、监督并严格考评，以实现管理的封闭
3	做好危险源控制管理的基础建设工作	企业除建立健全各项规章制度外，还应建立健全危险源的安全档案和设置安全标志牌。企业应按安全档案管理的有关要求建立危险源的档案，并指定专人保管、定期整理。应在危险源的显著位置悬挂安全标志牌，标明危险等级，注明负责人员，并按照国家标准标明主要危险，扼要注明防范措施
4	加强危险源的日常管理	企业要严格要求作业人员贯彻执行有关危险源日常管理的规章制度，如做好安全值班和交接班、按安全操作规程进行操作、按安全检查表进行日常安全检查、危险作业必须经过审批等。所有活动均应按要求认真做好记录。领导和安全技术部门定期进行严格检查考核，发现问题后应及时进行指导教育，并根据检查考核情况进行奖惩
5	抓好信息反馈、及时整改隐患	企业要建立健全危险源信息反馈系统，制定信息反馈制度并严格贯彻实施。对检查发现的事故隐患，应根据其性质和严重程度，按照规定分级进行信息反馈和整改，并做好记录，发现重大隐患应立即向安全技术部门和行政第一领导报告。信息反馈和整改的责任应落实到人。各级领导和安全技术部门要定期对信息反馈和隐患整改的情况进行考核和奖惩。安全技术部门要定期收集、处理信息，及时提供给各级领导研究决策，不断改进危险源的控制管理工作
6	做好危险源控制管理的考核评价和奖惩	企业应针对危险源控制管理的各方面工作制定考核标准，力求量化，并定期严格考核评价，根据考核结果给予奖惩，与班组升级和评先进结合起来。企业还应逐年提高要求，促使危险源控制管理的水平不断提高

下面提供一些关于危险源管理方面的范本，供读者参考。

【精益范本3】▶▶

公司危险源（点）统计台账

单位：　　　　　　　　　　　___年__月__日　　　　　　　　　　编码：

序号	危险源（点）名称	危险源（点）性质	现定危险级别	监控运行措施	升、降级管理措施	危险源（点）的监测、测定、鉴定及整改记录	危险源（点）的监控及检查单位具体负责人

单位主管：　　　　　　　　　安全科长：　　　　　　　　　填报人：

【精益范本4】▶▶

危险源（点）危险因素分析监控表

编码：

单位	公司：		车间：		工段/班组：		
危险源（点）名称			级别		时间		
序号	危险因素		监控标准	监控情况		监控人	备注
				正常	异常		

续表

对异常情况 采取的措施	 车间负责人： ____年__月__日
单位评审小组 评定意见	 评审小组负责人： ____年__月__日
单位领导 意见	 单位负责人： ____年__月__日

注：此表每个区域一张，应及时监控、及时填报。班组每月向车间上报一次，并由车间审阅汇总后报分厂安全生产科。

【精益范本5】▶▶▶

危险源（点）岗位检查表

单位：　　　　　　　车间：　　　　　　　　班组（岗位）：
危险源（点）等级编号：　　　　　　　　　　编码：

日期	危险源（点）名称	检查监测部位	检查结果		处理意见	监测检查人	备注（异常部位）
			正常	异常			
							车间周复查

说明：
1.检查人员必须在认真检查后如实填写，每周上报车间一次，做到班组日查、车间周复查，发现重大问题立即上报。车间要对检查表的真实性负复检和核实的责任
2.此表可同时作为分厂检查表使用
3.此表每月由车间上报安全生产科，安全生产科在月底统计汇总纳入本单位台账。公司安全生产部可随时进行检查

安全部门负责人：　　　　　　车间负责人：　　　　　　　填表人：

四、开展危险预知活动

危险预知训练活动简称KYT（kiken yochi trainning），是针对生产的特点和作业工艺的全过程，以其危险性为对象，以作业班组为基本组织形式开展的一项活动。它是一种群众性的"自我管理"活动，目的是控制作业过程中的危险，预测和预防可能发生的事故。

危险预知训练活动分危险点分析和工前5分钟活动两步骤进行。前一阶段主要是发掘危险因素，制定预防措施；后一阶段是重点落实预防措施。而"作业安全措施票"管理制度，又是危险预知活动的一种具体表现形式。

1. 危险预知训练活动的内容

（1）作业地点、作业人员、作业时间。

（2）作业现场状况。

（3）事故原因分析。

（4）潜在事故模式。

（5）填写"作业安全措施票"。

（6）危险控制措施落实。

2. 危险预知训练活动的程序

（1）发现问题。

（2）研究重点。

（3）提出措施。

（4）制定对策。

（5）监督落实。

3. 组织危险预知分析需注意的问题

（1）做好宣传教育，注重激励作用。

企业要根据危险点辨识的结果开展考评活动，及时推广危险点分析活动中好的典型。

（2）班组长要事先准备。

活动前班组长要对所进行课题的主要内容进行初步准备，以便活动时心中有数，进行引导性发言，节约活动时间，提高活动质量。

（3）全员参与。

要充分发挥集体智慧，调动员工积极性，使大家在活动中受到教育。危险预知活动应在活跃的气氛中进行，不能一言堂，应让所有组员都有充分发表意见的机会。

（4）危险点分析形式要直观、多样化。

班组长可结合岗位作业状况画一些作业示意图，便于大家分析讨论，或在作业现场进行直观的、更有效的分析，也可随着作业现场环境和条件的变化，对危险点进行动态的分析。

（5）抓好危险预知分析结果（作业安全措施票）的审查和整理。

"作业安全措施票"制度实施一段时间后，车间要组织有关人员对认为已形成典型的、标准化的"作业安全措施票"进行系统的审查、修改和完善，使其真正成为规范、标准的典型"措施票"，并将其作为作业现场保证人身安全工作的依据。

4. 工前 5 分钟活动

工前5分钟活动是危险预知活动结果（作业安全措施票）在实际工作中的应用，由作业负责人组织从事该项作业的人员在作业现场利用较短时间进行，要求根据危险预知训练提出的内容对"人员、工具、环境、对象"进行四确认，并将"作业安全措施票"中所列安全措施逐项落实到人。有重大危险的作业，要对作业安全和工序安全开展工前5分钟活动。

下面提供一份危险预知训练活动表，供读者参考。

【精益范本6】 ▶▶

<table>
<tr><td colspan="11" align="center">危险预知训练活动表</td></tr>
<tr><td>作业地点</td><td colspan="3"></td><td colspan="2">作业时间</td><td colspan="5"></td></tr>
<tr><td>作业人员</td><td colspan="3"></td><td colspan="2">负责人</td><td colspan="5"></td></tr>
<tr><td rowspan="3">作业内容</td><td rowspan="3">危险因素描述
（危害及后果）</td><td colspan="7">类别（5M1E）</td><td colspan="2">重要性</td><td rowspan="3">对策</td></tr>
<tr><td>人</td><td>机</td><td>料</td><td>法</td><td>测</td><td>环</td><td>其他</td><td>重要</td><td>一般</td></tr>
<tr><td></td><td></td><td></td><td></td><td></td><td></td><td></td><td></td><td></td></tr>
<tr><td></td><td></td><td></td><td></td><td></td><td></td><td></td><td></td><td></td><td></td><td></td></tr>
<tr><td></td><td></td><td></td><td></td><td></td><td></td><td></td><td></td><td></td><td></td><td></td></tr>
<tr><td></td><td></td><td></td><td></td><td></td><td></td><td></td><td></td><td></td><td></td><td></td></tr>
<tr><td></td><td></td><td></td><td></td><td></td><td></td><td></td><td></td><td></td><td></td><td></td></tr>
<tr><td colspan="5">确认人：</td><td colspan="6">班长：</td></tr>
</table>

五、安全生产确认制

安全生产确认制要做到确认、确信、确实，即在作业之前和作业中，要针对本岗位的安全要点和易发生伤害事故的因素做到确实认定、确实可靠、确实准确地执行。

1. 确认制的应用范围

凡是可能发生误操作，而误操作又可能造成严重后果的作业，都应制定并实施可靠的确认制，例如以下几种作业。

（1）开动、关停机器和固定设备。

（2）开动起重运输设备。

（3）危险作业、多人作业中的指挥联络。

（4）送变电作业。

（5）检修后的开机。

（6）重要防护用品（防毒面具/安全带等）的使用。

（7）曾经发生过误操作事故的作业等。

2. 确认的程序

（1）作业准备的确认。

作业人员在接班后应进行设备、环境状况的确认。如设备的操纵装置、显示装置、安全装置等是否正常可靠，设备的润滑情况是否良好，原材料、辅助材料的性状是否符合要求，工器具摆放是否到位，作业场所是否清洁、整齐，材料、物品的摆放是否妥当，作业通道是否顺畅等。等一切确认正常，或确认可能的危险已采取有效的预防对策后，方可开始操作。

（2）作业方法的确认。

即按照标准化的作业规程对作业方法进行确认，确认无误后才可启动设备。

（3）设备运行的确认。

设备开动后，应对设备的运行情况进行确认，如运转是否平稳，有无异常的震动、噪声或其他任何预示危险的征兆，各种运行参数是否正常等。设备运行确认也可以与作业中的安全检查相结合，采用安全检查表进行。设备运行确认工作应根据需要在整个作业期间进行若干次。

（4）关闭设备的确认。

关闭设备的确认与开启设备的情况相同，应按照标准化作业规程对关闭设备的作业方法进行确认后才可关闭设备。

（5）多人作业的确认。

如是多人协同作业，则在开始作业前，应按照预定的安排对参加作业的人员及人员的作业位置、作业方法、指挥联络形式、作业中出现异常情况时的对策等进行确认，确认无误后才可开始作业。

3.确认的方法

（1）手指、呼唤。

手指、呼唤，即用手指着作业对象操作部位，用简练的语言口述或呼喊，明确操作要领，然后再进行操作。这可以简述为"一看、二指、三念、四核实、五操作"。例如，在巡视检查锅炉的工作状况时，可以用手指着锅炉的仪表，眼睛看着显示的数字，并且呼喊："×炉号，压力10，温度200，正常！"

进行手指、呼唤，实质上也是对操作方法进行一次预演和检验。如果头脑不清醒、精神不集中，进行手指、呼唤时必然会发生错误，这时就必须重复进行，直至确认无误。

（2）模拟操作。

对于复杂、重要的工作，在采用手指、呼唤的同时还应实行模拟操作，经过模拟操作并确认无误后方可正式进行操作。模拟操作最好实行操作票制度，即把正确的操作步骤、方法写在操作票上，逐项核对、确认，然后进行操作。必要时，应该由两个人同时进行确认，即一人监护，一人操作。具体说，就是由第一人呼唤，第二人复诵并模拟进行操作（可制作模拟操作板），第一人认可后，执行命令，第二人再进行操作。

（3）无声确认。

无声确认，即默忆和简单模仿正确的作业方法，"一停、二看、三通过"即属此类。这种确认方法不能有效地调动作业人员的积极性，只能用于简单的作业。

（4）呼唤应答。

对于需要互相配合的作业，则采取呼唤应答确认，即一方呼唤，另一方应答，第一方确认应答正确了，执行命令，再进行操作，在呼唤应答的同时，还应辅以适当的手势和动作。

下面提供一份工作安全确认表，供读者参考。

【精益范本7】▶▶

工作安全确认表

（正面）　　　　　　　　　　___年__月__日　　　　　　　　地点：

序号	确认内容	确认结果		
		班前	班中	班后

确认人签字：

（反面）

存在问题	采取措施	执行人	完成时间

六、危险信息沟通

危险信息沟通是指在现实的生产活动中，人们采用各种手段、仪器装置向生产现场的工作人员传送事故隐患、生产条件等方面的信息，以便让工作人员及时了解工作现场的情况，始终保持警戒的思想，加强自我保护，从而达到预防事故的目的。

1. 危险信息沟通与事故发生

人在生产过程中，要根据自己所感知的各种信息，对自己的行为做相应的调整。如果是有可能伤害自己及他人或损坏财物的危险信息，一旦沟通不畅，致使当事人未及时做出恰当的行为反应，就有可能导致恶性事故的发生。危险信息未能及时沟通的情况主要有以下几种，具体如图4-10所示。

情况一 ▷ 危险信息存在，但由于人本身的限制及外界因素的干扰，当事人未能及时发现，并且未采取有效的回避、处理措施

情况二 ▷ 危险信息存在，但是当事人没有给予适当的沟通或危险标记，凭自身条件不能发现其危险性

情况三 ▷ 危险是存在的，但并没有以一种信息的形式表现出来，如指示灯、手势等。相反，它是以一种正常的信息形式出现在当事人面前，这也极易导致事故的发生。例如，在化工企业的压力管道上如果不设置压力表或报警装置，一旦超压，人们不能及时发现，就会有发生爆炸的危险，如果存在有毒有害气体，就会造成人员中毒；进行罐内检修时没有作业票、监护人员，没有挂牌作业，或有监护人员却擅离职守，其他操作人员在不进行检查的情况下开车作业，也有可能造成事故

图 4-10

情况四	危险并不存在，但由于外界的干扰，如仪表的错误显示、人员的骚扰等，极有可能给当事人以存在危险信息的感觉，此时，如果当事人采取回避反应，极易发生事故。如一些企业对一些压力容器（如液氨储罐、锅炉等）上的指示仪表（如压力表、温度计等）不按时检验，造成仪表失灵，如果采取不当措施，极易造成事故
情况五	危险不存在，但给当事人一种无危险信息的显示时，也有可能因为当事人的麻痹大意而发生事故，这就是"风险平衡理论"指出的"往往越安全的地方越危险"

图 4-10　危险信息未能及时沟通的五种情况

为了预防各种事故的发生，做好人与人之间、人与仪表之间的危险信息沟通是十分必要的。但是，在有良好的危险信息沟通的前提下，作为生产者，在生产过程中还应谨防侥幸、麻痹大意，增强自我保护的意识、能力，这样才能有效将事故扼杀在萌芽之中。

2. 信息沟通的障碍与解决方法

（1）文化方面的障碍及其解决方法。

文化方面的障碍指的是来自文化经验等方面的诸因素所造成的沟通障碍，主要有表达不清、缺乏关注、教育程度差异、错误的解释、同化、无沟通现象、对发信者的不信任等，具体如表4-6所示。

表 4-6　文化方面沟通的障碍及其解决方法

障碍类别	障碍现象	解决方法
表达不清	错误地选择词语、空话连篇、无意疏漏、观念混乱、缺乏连贯性、句子结构错误、难懂的术语等，都有可能造成信息表达不清	要把信息表达清楚明确，首先要加强文化素质方面的修养，加强言语训练（语法、修辞、逻辑等方面）；其次要限定内容，言简意赅地表达信息中的要点
缺乏关注	人们不注意阅读布告、通知、报告、会议记录也是常见的现象	除了提高管理者的劝说艺术水平之外，更重要的是加强沟通的责任感，使每一位员工都认识到信息沟通对本企业的重要意义
教育程度差异	员工教育程度差距太大，会造成沟通的障碍，如果员工教育程度较低，则管理者难以沟通信息，步调难以保持一致，也会影响企业组织的工作效率	在选拔员工时对教育程度应该有一定的要求，或对在职员工进行多种形式的教育，鼓励他们通过自学文化知识等途径来提高教育程度
错误的解释	接信者的文化、经验、思维方式等不同，使其对所收到的信息有不同的理解	应该考虑接信者的个人情况及其所工作的环境，有时必须伴随必要的解释，使对方充分理解信息，这样才有助于保证沟通的效果

障碍类别	障碍现象	解决方法
同化	接信者把传递来的信息按照自己的信念、习惯、猜测以及兴趣、爱好进行处理，使之适合自己。例如，对信息省略细节，使其简单化，成为自己熟悉的内容；添枝加叶，加上自己的看法、观念；按自己的兴趣使信息轻重颠倒	要按信息的客观情况行事
无沟通现象	无沟通现象是指管理者没有传递必需的信息。其原因有多种：或因为工作忙而延误了沟通；或以为"每个人都知道了"而不屑于进行沟通（其实并非如此）；或因为懒惰没有进行沟通	解决管理者对信息沟通意义的认识问题
对发信者的不信任	无论从什么角度讲，对管理人员的不信任必然会削弱信息沟通的效率	管理者要注意培养自己的思维能力、规划能力、洞察能力、判断能力

（2）组织结构方面的障碍及解决方法如表4-7所示。

表 4-7　组织结构方面的障碍及解决方法

障碍类别	障碍现象	解决方法
地位障碍	地位障碍来源于组织内人员的角色、职务、年龄、待遇、资历等因素。由于企业组织是一个多层次的结构，因此，一位操作者常与班组长、同事或者车间主任进行沟通，但不一定常与厂长、经理进行沟通。这是因地位原因不能经常接触而造成的沟通障碍	为了减少由地位引起的沟通障碍，高层领导和管理者应经常到第一线去了解情况，与第一线人员促膝谈心，或到现场去办公等
物理距离的障碍	管理者与操作人员之间、操作者与操作者之间存在着空间距离，使得他们接触和交往机会减少，即使有机会接触和交往，时间也十分短暂，不足以进行有效的沟通	应鼓励非正式群体的产生和发展，诸如成立各种俱乐部、兴趣小组、协会等，通过非正式群体的有益活动，缩短成员之间的物理距离，增加面对面接触和交往的机会，促进成员之间的信息沟通

（3）个性方面的障碍及其解决方法。

员工的个性因素也能成为信息沟通的障碍。以自我为中心、自尊心很强、优越感很强的人，往往不大会主动与他人进行沟通。有这种个性特征的管理者，在听取下级人员的报告时，常常感到不耐烦。所以，在进行信息沟通时要因人而异，先认清员工的能力、需要、动机、习惯等，使信息与接信者的个性特点相匹配，然后有针对性地开展沟通，使对方最大限度地接受信息。

七、拒绝违章行为

违章行为是指员工在生产过程中，违反国家有关安全生产的法律、法规、条例及单位安全生产规章制度的不安全行为。违章是安全生产的大敌，虽然有些违章是小细节，却可能滋生不小的隐患。

1. 常见违章行为

常见违章行为如表4-8所示。

表 4-8　常见违章行为

序号	违章类别	违章表现
1	违反劳动纪律	（1）在工作场所、工作时间内聊天、打闹 （2）在工作时间内脱岗、睡岗、串岗 （3）在工作时间内看书、看报或做与工作无关的事 （4）酒后进入工作岗位 （5）未经批准，开动本工种以外设备
2	不按规定穿戴劳动防护用品、使用用具	（1）留有过肩长发、披发或发辫过长，不戴工作帽或未将头发置于帽内就进入有旋转设备的生产区域 （2）高处作业或在高处作业、机械化运输设备区域工作而不戴安全帽 （3）操作旋转机床设备或检修试车时敞开衣襟 （4）在易燃、易爆、明火等作业场所穿化纤服装 （5）在车间、班组等生产场所赤膊、穿背心 （6）从事电气作业而不穿绝缘鞋 （7）从事电焊、气焊（割）、碰焊、金属切削等作业而不戴防护眼镜 （8）于高处作业位置的非固定支撑面上或牢固支撑面边沿处、支撑面外和在坡度大于45度的斜支撑面上工作时未使用安全带
3	违反安全生产管理制度	（1）操作前不检查设备、工具和工作场地就进行作业 （2）设备有故障或安全防护装置缺乏时凑合使用 （3）发现隐患不排除、不报告，冒险操作 （4）新进厂员工、变换工种和复工人员未经安全教育就上岗 （5）特种作业人员无证操作 （6）危险作业未经审批或虽经审批但未认真落实安全措施 （7）在禁火区吸烟或明火作业 （8）在封闭厂房内安排单人工作或本人自行操作
4	违反安全操作规程	（1）跨越运转设备、设备运转时传送物件或触及运转部位 （2）开动被查封、报废的设备 （3）攀登吊运中的物件以及在吊物、吊臂下通过或停留 （4）任意拆除设备上的安全照明、信号、防火、防爆装置和警示标志，以及显示仪表和其他安全防护装置 （5）在密闭容器内作业时不使用通风设备 （6）高处作业时往地面扔物件 （7）违反起重"十不吊"、机动车辆驾驶"七大禁令"

序号	违章类别	违章表现
4	违反安全操作规程	（8）戴手套操作旋转机床 （9）冲压作业时手伸进冲压模危险区域 （10）开动情况不明的电源或动力源开关、闸、阀 （11）冲压作业时不使用规定的专用工具 （12）不使用冲压机床配备的安全保护装置 （13）冲压作业时"脚不离踏" （14）站在砂轮正前方进行磨削 （15）调整、检查、清理设备或进行装卸模具测量等工作时不停机、断电

2. 拒绝违章行为的关键

拒绝违章行为的关键在于遵章守纪，而遵章守纪的关键是全体员工对遵章守纪形成正确认识，只有形成正确的认识，才会有正确的态度，员工才能克服侥幸心理，自觉地约束自己并遵章守纪。

下面提供一份某企业的员工安全生产违章处罚管理制度及一些处罚表单，供读者参考。

【精益范本8】▶▶

员工安全生产违章处罚管理制度

1. 目的

为控制生产过程中人的不安全行为，督促员工在生产过程中自觉消除人的不安全行为，达到"预防为主"的目的，进而杜绝或减少事故发生，使生产工作顺利进行，结合安全生产实际情况，特制定本制度。

2. 适用范围

本制度适用于对员工安全生产违章行为的处罚与管理。

3. 管理规定

3.1 违章管理范围及对象

3.1.1 违章及事故处罚范围：本公司所有员工。

3.1.2 违章及事故处罚对象：在生产过程中，不注意安全、冒险作业、违章操作以及违章指挥的人员。

3.2 安全生产违章管理原则

3.2.1 采取教育与惩罚相结合的原则。根据违章性质采取制止、纠正、教育、警告、罚款等手段。

3.2.2 安全部根据《安全生产检查制度》规定，对生产现场进行巡查。发现违章行为，安全管理人员将对违章人员进行相应处理，并做好日常安全检查记录，以备日后查阅，相关人员必须配合。

3.2.3 违章罚款单开出后，须告知违章人员，由违章人员签名确认，并交行政人事部执行。如违章人员无故拒不签名，可按不服从管理处理。

3.2.4 必须以事实为依据对违章作业人员、安全管理人员及各级管理人员进行公正处理。

3.2.5 受处罚人员认为处罚不当，可以书面形式向公司工业安全小组进行申述，由工业安全小组进行最终裁定。

3.3 违章处罚

3.3.1 有下列行为之一且未造成不良后果的，安全管理人员、班长及以上管理人员有义务制止、纠正，有权进行教育、警告。

（1）在生产现场穿拖鞋，进入工作场所不穿工作服。

（2）在生产现场相互嬉戏、打闹而影响安全生产。

（3）将手动叉车当滑板车用。

（4）作业时注意力不集中、左顾右盼。

（5）在产生颗粒物飞溅的作业环境中未戴防护眼镜。

（6）从事有毒、有害作业时未按规定佩戴防护用品。

（7）其他一般违反作业安全操作规程的行为。

3.3.2 有以上行为，且对警告、教育敷衍了事，不积极改正的，安全管理人员、班长及以上管理人员皆获授权对违章人员处以_____元的罚款。

3.3.3 有下列行为之一的，每发现一次，安全管理人员、班长及以上管理人员皆获授权直接对违章人员处以_____元的罚款。

（1）操作可能导致重大伤害事故的大功率旋转机床时，戴手套、未扣袖口、衣襟敞开、戴围巾、戴领带、长发披肩外露。

（2）操作特种设备（设施）超速、超温、超负荷运行。

（3）在厂内驾驶机动车辆（电动、柴油叉车）行驶时违反规定载人或超载货物。

（4）未经直接上司同意私自开动非本工种、本岗位设备。

（5）调整、检修、清扫设备时未断开电源或测量工件时未停止设备运作。

（6）操作冲、剪、压设备，用脚踏开关控制时，伸手进入危险区域作业而脚没离开脚踏开关。

（7）攀登吊运中的物体或在吊运物体下行走。

（8）检修电气设备（设施）时未停电、验电、接地及悬挂警示牌。

（9）发现隐患未及时排除或上报，冒险作业。

（10）从事危险作业时未设置警戒区或未挂警示牌等。

（11）高空作业时未系安全带，随意向下抛掷物体、工具；使用高空作业平台时，未将支撑脚打开支撑牢固，未设置安全警示牌。

（12）在易有物体坠落的区域作业时，未戴安全帽。

（13）在情况不明时，开启或关闭动力源（电、气、油等）。

（14）机械运行时，私自离开工作岗位而不停机。

（15）将危险物品或危险化学品随意摆放而不做任何标识和警示。

（16）违反吊机安全操作规程及"十不吊"。

（17）进行通天吊作业时，不及时关好护栏，冒险靠近平台边缘。

（18）身为管理人员，发现违章作业时不制止、不采取措施。

3.3.4　有下列行为之一且尚未造成不良后果的，根据性质，安全管理人员、班长及以上管理人员皆获授权建议公司对其处以_____元的罚款。

（1）不服从上司或安全管理人员的管理或经批评教育拒不改正。

（2）严重违反危险化学品使用管理制度。

（3）未按规定办理"动火作业证"，在禁火区域明火作业、吸烟。

（4）违章指挥或强令他人冒险作业。

（5）故意拆除或破坏设备的安全照明、信号、仪器、仪表、防火防爆装置和各种警示装置。

（6）在接到"安全隐患整改通知书"后，无故不按时整改。

3.3.5　对屡犯不改、抗拒安全管理的，安全部可建议车间将该人员调离原岗位，情节严重的可建议公司予以解雇。

4. 实施时间

本制度自公布之日起施行。

【精益范本9】▶▶▶

· ·

违反安全生产处罚通知单

被罚人姓名		部门		时间	
事由			危害性		

续表

惩罚措施	
执罚人		被罚人确认	

【精益范本10】▶▶

年度检查违章违纪表现行为记录表

序号	时间	地点	违章违纪人员姓名	违章违纪行为	处理意见	检查人

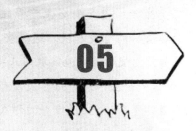

第五章

安全生产检查与隐患排除

情景导入

上课前杨老师给每人发了一张白纸，请学员们写一下自己公司用过的安全检查表的名称，如果有谁记忆力好的话，也可以把表格的详细内容列举出来。

有的学员听完老师布置的任务就唰唰地写起来了，有的则在苦思冥想，有的则皱着眉头，有的则是一脸茫然的状态。

"大家不要紧张，不要有压力，请大家完成这个任务，只是想了解一下大家公司里对安全检查的态度。"杨老师说，"如果一个企业会认真地去设计安全检查表，可以说明其态度是非常认真的。"

台下学员纷纷点头。

杨老师继续说道："安全生产检查是指对生产过程及安全生产管理中可能存在的隐患、有害与危险因素、缺陷等进行查证，以确定隐患或有害与危险因素、缺陷的存在状态，以及它们转化为事故的条件，以便制定整改措施，消除隐患和有害与危险因素，确保生产安全。

安全生产检查是安全生产管理工作的重要内容，是消除隐患、防止事故发生、改善劳动条件的重要手段。通过安全生产检查可以发现生产经营单位生产过程中的危险因素，以便有计划地采取纠正措施，保证生产的正常进行和安全。"

"那么安全生产检查的形式又有哪些呢？"一个学员迫不及待地问道。

杨老师："安全生产检查的形式也有多种，包括作业人员日常检查、安全人员日常巡查、定期综合检查以及专业安全检查等，每种检查方式的性质都不同，这需要企业根据自己的情况进行选择。"

"那么如何编制安全检查表呢？"另一个学员问道，他实在想知道怎么编制安全检查表，因为他所在公司里并没有这样的表格。

杨老师："根据用途不同，安全检查表也不同，如设计审查用安全检查表、企业安全检查表、各专业性安全检查表等。同时在编制安全检查表时，要将检查的重点内容包含进去，不能忽略。具体内容请大家认真听讲。"

......

第一节　安全生产检查概述

要使安全精益化管理落到实处，企业必须实施安全生产检查。安全生产检查的目的在于及时发现不安全行为和不安全状态，消除事故隐患，落实整改措施，防止事故伤害。为了达到这一目的，企业要明确安全检查的内容、做好检查计划、制定适用的表格、确定检查的程序，并制定精益化的制度以保证发现的隐患能够得以排除。

一、安全生产检查的内容

针对检查的目的，安全生产检查可包含以下内容。

1. 查物的状况

检查生产设备、工具、安全设施、个人防护用品、生产作业场所以及生产物料的存储是否符合安全要求。物品检查重点如图5-1所示。

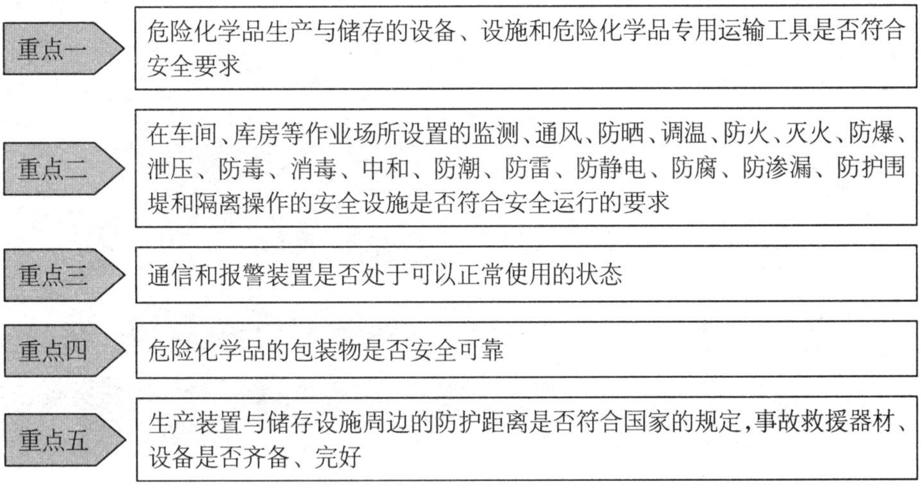

重点一	危险化学品生产与储存的设备、设施和危险化学品专用运输工具是否符合安全要求
重点二	在车间、库房等作业场所设置的监测、通风、防晒、调温、防火、灭火、防爆、泄压、防毒、消毒、中和、防潮、防雷、防静电、防腐、防渗漏、防护围堤和隔离操作的安全设施是否符合安全运行的要求
重点三	通信和报警装置是否处于可以正常使用的状态
重点四	危险化学品的包装物是否安全可靠
重点五	生产装置与储存设施周边的防护距离是否符合国家的规定,事故救援器材、设备是否齐备、完好

图 5-1　物品检查重点

2. 查人的行为

检查是否有违章指挥、违章操作、违反安全生产规章制度的行为。重点检查危险性大的生产岗位是否严格按操作规程作业，危险作业是否执行审批程序等。

3. 查安全管理

检查安全生产规章制度是否建立健全，安全生产责任制是否落实，安全生产管理机构是否健全，安全生产目标和工作计划是否落实到各部门、各岗位，安全教育是否经常开展并使职工安全素质得到提高，安全生产检查是否制度化、规范化，检查发现的事故隐患是否及时整改，实施安全技术与措施计划的经费是否落实，是否按"四不放过"原则做好事故管理工作。

重点检查从事特种作业和危险化学品生产、经营、储存、运输、废弃处置的人员及装卸管理人员是否都经过安全培训并考核合格，取得上岗资格，是否制定了事故应急救援预案并定期组织救援人员进行演练等。

二、安全生产检查的形式

安全生产检查的形式要根据检查的对象、内容和生产管理模式来确定，可以有多种多样的形式，企业的安全检查形式主要如下。

1. 作业人员日常检查

作业人员每天操作前，对自己岗位进行自检，确认安全才操作，以检查物的状况是否正常为主，主要如图5-2所示。

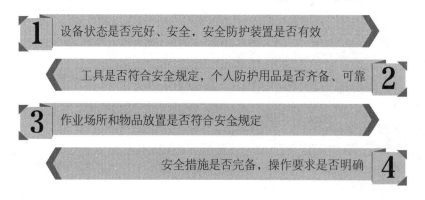

图5-2　作业人员日常检查

检查中发现的问题应及时解决，问题处理完毕才能作业，如无法处理或无把握的，应立即向班组长报告，待问题解决后才可作业。

2. 安全人员日常巡查

企业安全主任、安全员等安全管理人员应每日到生产现场进行巡视，检查安全生产情况，主要内容如图5-3所示。

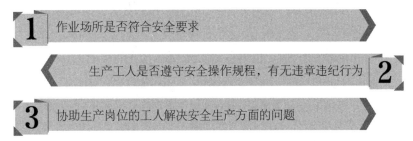

1 作业场所是否符合安全要求

2 生产工人是否遵守安全操作规程，有无违章违纪行为

3 协助生产岗位的工人解决安全生产方面的问题

图5-3　安全人员日常巡查

3. 定期综合性安全检查

企业应定期进行综合性安全检查，从检查范围讲，包括全厂检查和车间检查，检查周期根据实际情况确定，一般全厂检查每年不少于两次，车间检查每季度一次。进行定期综合性安全检查时应成立检查组，按事先制订的检查计划执行，对企业的安全生产工作开展情况，以查管理为主，具体如图5-4所示。

内容一 检查安全生产责任制的落实情况

内容二 检查领导在思想上是否重视安全工作，行动上是否认真贯彻"安全第一、预防为主"的方针

内容三 检查安全生产计划和安全措施的执行情况，安全目标管理的实施情况，各项安全管理工作（包括制度建设、宣传教育、安全检查、重大危险源安全监控、隐患整改等）开展情况

内容四 检查各类事故是否按"四不放过"的原则进行处理，事故应急救援预案是否落实，有无组织演练

内容五 对生产设备的安全状况进行检查，对主要危险源、安全生产要害部位的安全状况要重点检查

同时检查工作应达到以下要求：
（1）检查应按事前制定好的安全检查表的内容逐项进行，并对检查情况进行记录
（2）对检查发现的隐患要发出整改通知，规定整改内容、期限和责任人，并对整改情况进行复查
（3）检查组应针对检查发现的问题进行分析，研究解决办法，同时根据检查所了解到的情况评估企业、车间的安全状况，研究改善安全生产管理的措施

图5-4　定期综合性安全检查的内容

4. 专业安全检查

有些检查的内容专业技术性很强，需要由专业技术人员进行，比如锅炉压力容器、起重机械等特种设备的安全检查，电气设备安全检查，消防安全检查等。专业安全检查通常还需要借助专业仪器来进行，其检查项目、内容一般在相应的安全技术法规、安全标准中已经有了详细的规定，这些法规、标准是专业安全检查的依据和安全评判的依据。

专业安全检查可以单独组织，也可以结合定期综合性检查进行。

讲师提醒

安全检查也是国家法律法规明确要求的。《中华人民共和国安全生产法》第四十六条规定，生产经营单位的安全生产管理人员应当根据本单位的生产经营特点，对安全生产状况进行经常性检查；对检查中发现的安全问题，应当立即处理；不能处理的，应当及时报告本单位有关负责人，有关负责人应当及时处理。检查及处理情况应当记录在案。

5. 季节性安全检查

不同季节的气候条件会给安全生产带来一定的影响，比如春季潮湿气候会使电气绝缘性能下降而导致触电起火等事故；夏季高温气候易发生中暑；秋冬季节风大干燥，易发生火灾；雷雨季节易发生雷击事故。

季节性检查是指检查不利气候因素导致事故的预防措施是否落实，如雷雨季节前，检查防雷设施是否符合安全标准；夏季检查防暑降温措施是否落实等。

三、安全生产检查的组织

安全生产检查要取得成效，落到实处，不走过场，不流于形式，企业就必须做好安全检查的组织领导工作，形成有力的领导，使检查工作形成制度，更加规范系统。

1. 明确检查职责

企业安全检查工作千头万绪，内容繁杂多样，应明确检查工作的职责。要通过制度明确规定各项检查的责任人，主要包括如图5-5所示内容。

职责一	岗位日常检查工作可纳入岗位安全操作规程，由操作人员负责
职责二	安全人员日常巡查工作在安全人员岗位责任制中具体规定
职责三	专业安全检查的职责可遵循"管生产必须管安全，谁主管谁负责"的原则，如工程部管辖的起重设备的专业检查由工程部负责

图5-5 检查的职责

2. 检查要按计划进行

企业在实行安全检查时，应制订详细的检查计划，检查计划应具体规定检查的目的、对象、范围、项目、内容、时间和检查人员，这样才能保证检查工作高效有序进行，避免漏检。

检查计划由检查小组制订，对于检查的具体项目、内容、要求、方法等专业技术方面的内容应先制定安全检查表。检查时对照检查表逐项检查，做好检查记录，既保证了检查质量，提高了工作效率，也避免了漏检。检查人员要熟悉业务，在现场检查中能识别危险源和事故隐患，并掌握相应的安全技术标准。

3. 检查后要进行分析总结并整改

检查结束后，要做好分析总结和整改工作，对于整改中发现的问题要确定具体的整改意见，包括整改内容、期限和责任人，并对整改结果进行复查和记录。要根据检查掌握的情况进行分析、研究，以便企业对总体的安全状况有一个全面完整的认识，制定进一步改善安全管理、提高安全防护能力的具体措施。

四、安全生产检查的准备

为使安全检查达到预期效果，必须做好充分准备，即思想和业务上的准备。

1. 思想上的准备

思想上的准备，主要是发动群众，开展群众性的自检自查。

2. 业务上的准备

业务上的准备包括四点内容，如图5-6所示。

内容一	确定检查目的、步骤、方法，建立检查组织、抽调检查人员、安排检查日程
内容二	针对检查的项目内容，有针对性地学习相关法规、政策、技术。提高检查人员对法规、标准和政策的理解水平
内容三	分析过去几年所发生的各种事故的资料，并根据实际需要准备一些表格、卡片，记载曾发生事故的次数、部门、类型、伤害性质、伤害程度以及发生事故的主要原因和采取的防护防范措施等，以提示检查人员注意
内容四	准备好事先拟定的安全检查表，以便逐项检查，做好记录，防止遗漏

图5-6　业务上的准备

第二节　安全生产检查的实施

安全生产检查要明确检查职责，检查要有计划。

下面提供一份某企业的年度安全检查计划，供读者参考。

【精益范本1】▸▸

年度安全检查计划

序号	检查形式	检查时间	检查人员	检查目的	检查内容
1	公司综合性安全检查	每月一次	安委会、部门负责人	对作业过程和作业环境的潜在危险有害因素进行检查，以便及时采取防范措施，防止和减少事故的发生	作业现场检查、操作人员安全检查、现场安全管理
2	专项检查	每月一次	安委会、部门负责人	对特种设备、起吊器具、移动电气线路、压力容器、水电气管网、危化品以及重大危险源等进行专项安全检查，防止和减少事故的发生	安全性能、使用存放、维护保养、定期检修、日常巡检等管理
3	车间级安全检查	每月两次	车间负责人、安全管理员、各班组长	对生产过程及安全管理中可能存在的隐患、危险因素、缺陷等进行查证，以制定整改措施，消除或控制隐患以及有害与危险因素，确保生产安全	作业人员安全职责，设备、工艺、电气、仪表、安全教育、关键装置及重点部位、特种设备等的管理
4	日常安全检查	每周一次	车间负责人、各班组长	以每周检查的方式保障现场作业持续、协调、稳定、安全进行	作业环境、安全管理、安全作业、岗位安全生产、安全意识行为及安全操作规程检查和巡回检查
5	夏季安全检查	5月	安委会、部门负责人	确保夏季的安全生产环境和秩序，保障生产安全运行	防暑降温、防雷、防中毒、防汛等的预防性季节检查

续表

序号	检查形式	检查时间	检查人员	检查目的	检查内容
6	秋季安全检查	10月	安委会、部门负责人	确保秋冬季的安全生产环境和秩序，保障生产安全运行	防火防爆、防雷电、防冻保暖、防滑等的预防性季节检查
7	节假日前安全检查	节假日前两天	安委会、部门负责人	保证节假日期间装置、设备、设施、工具、附件、人员等的安全状态	节假日前安全、保卫、防火防盗、生产物资准备、应急物资、安全隐患等方面的检查
8	节假日期间安全检查	节假日期间	值班人员	通过在公司节假日期间进行安全检查，保证假日后的正常生产	节假日期间防火防盗、物资安全等方面的检查
9	厂房、建筑物安全检查	12月	安委会、部门负责人	对生产过程中使用的厂房和建筑物可能存在的隐患、危险因素、缺陷等进行检查，消除或控制隐患及有害与危险因素，确保生产安全进行	对生产过程中使用的厂房、建筑物可能存在的隐患、危险因素、缺陷等进行检查
10	安全设施、设备检查	6月	安委会、部门负责人	保证各消防设施状态良好、安全可用	各种消防器材、设备的检查
11	职业卫生安全检查	11月	安委会、部门负责人	保证作业场所的职业危害防范措施符合国家和行业标准，保证员工职业健康	—

检查要求：各类检查围绕"六查"进行，即查思想、查制度、查管理、查隐患、查事故处理、查安全技术措施落实和安全资金的投入情况。各级管理人员、工程技术人员、操作人员按检查计划进行检查，每次检查均应填写相应检查记录（表）；检查中发现问题，应进行有针对性的隐患整改，验证整改效果并及时总结；所有安全检查都应建立安全检查台账。

一、要使用有针对性的安全检查表

1. 安全检查表的种类

安全检查表的种类及项目内容说明如表5-1所示。

表 5-1　安全检查表的种类及项目内容

序号	种类	适用范围	主要内容
1	设计审查用安全检查表	设计审查用安全检查表主要供设计人员和安全检查监察人员及安全检查评价人员在设计审核时使用，也作为"三同时"的安全预评价审核的依据	（1）平面布置 （2）装置、设备、设施工艺流程的安全性 （3）机械设备、设施的可靠性 （4）主要安全装置与设备、设施布置及操作的安全性 （5）消防设施与消防器材 （6）防尘防毒设施、措施的安全性 （7）危险物质的储存、运输、使用 （8）通风、照明、安全通道等
2	企业安全检查表	主要用于全厂性安全检查和安全生产动态的检查，供安全监察部门进行日常安全检查和24小时安全巡回检查时使用	（1）各生产设备、设施、装置、装备的安全可靠性，各个系统的重点不安全性部位和不安全点（源） （2）主要安全设备、装置及设施的灵敏性和可靠性 （3）危险物质的储存与使用 （4）消防和防护设施的完好性 （5）职工操作规程管理及遵章守纪情况等
3	各专业性安全检查表	主要用于专业性的安全检查或特种设备的安全检验，如防火防爆、防尘防毒、防暑降温、工业气瓶、配电装置、机动车辆、电气焊等	检查表的内容应符合专业安全技术防护措施要求，如设备结构的安全性、设备安装的安全性、设备运行的安全性及运行参数指标的安全性、安全附件和报警信号装置的安全可靠性、安全操作的主要要求及特种作业人员的安全技术考核等

2.编制安全检查表的注意事项

检查表要力求系统完整、不漏掉任何可能引发事故的关键危险因素。因此，检查人员编制安全检查表应注意以下问题。

（1）检查表内容要重点突出，简繁适当，有启发性。

（2）各类检查表的项目内容应针对不同检查对象有所侧重，分清各自职责内容，尽量避免重复。

（3）检查表的每项内容都要定义明确、便于操作。

（4）检查表的项目内容能随工艺的改造、环境的变化和生产异常情况的出现而不断修订、变更和完善。

（5）凡是可能导致事故的一切不安全因素都应列出，确保各种不安全因素被及时发现，并及时消除。

（6）检查人员要按照安全检查表的适用范围实施检查，并上报各级领导审批，使企业管理者重视安全检查工作。检查人员检查后应签字，及时将查出的问题反馈到各相关部门并落实整改措施，做到责任明确。

3. 安全检查表的应用

为了达到预期目的，检查人员在应用安全检查表时，应注意表5-2所示的几个问题。

表 5-2　安全检查表的应用注意事项

序号	注意事项	具体说明
1	各类安全检查表都有适用对象，不宜通用	如专业检查表与日常检查表要有区别。专业检查表应详细明确，突出专业设备安全参数的定量界限；而日常检查表尤其是岗位检查表应简明扼要，突出关键和重点部位
2	应落实安全检查人员	企业（厂）级日常安全检查，可由安技部门现场人员和安全监督巡检人员会同有关部门联合开展；车间级安全检查，可由车间主任或指定车间人员开展；岗位级安全检查一般指定专人进行。检查人员在检查后应签字并提出处理意见备查
3	应将检查表列入相关安全检查管理制度	应将检查表同巡回检查制度结合起来，列入安全例会制度、定期检查工作制度或班组交接班制度中
4	严格按安全检查表进行检查	应用安全检查表时，必须按安全检查表的内容逐项、逐点检查，有问必答、有点必检，按规定的符号填写清楚，为系统分析及安全评价提供可靠、准确的依据

二、要做好整改和分析总结工作

检查结束后，检查人员要做好整改和分析总结工作。

1. 整改

检查是手段，目的在于发现问题、解决问题，应该在检查过程中或以后，发动群众及时整改。

整改应实行"三定"（定措施、定时间、定负责人），"四不推"（班组能解决的，不推到工段；工段能解决的，不推到车间；车间能解决的，不推到厂；厂能解决的，不推到上级），如图5-7和图5-8所示。对于一些长期危害职工安全健康的重大隐患，整改措施应件件有交代，条条有着落。

图 5-7　整改三定

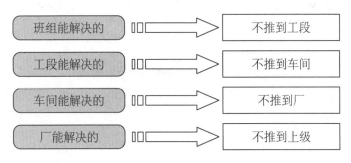

图 5-8　整改四不推

为了督促各单位做好事故隐患整改工作，常用"事故隐患整改通知书"，指定被查单位限期整改。对于企业主管部门或劳动部门下达的隐患整改通知、监察意见和监察指令，企业必须严肃对待，认真研究执行，并将执行情况及时上报有关部门。

2. 分析总结工作

企业应对检查情况进行分析、研究，以便对总体的安全状况有一个全面完整的认识，并制定进一步改善安全管理、提高安全防护能力的具体措施。

三、不可忽视复查

复查是对安全检查成果的巩固和检验，复查一般要注意两个方面，一是对重点环节的复查，二是检查中发现问题的整改落实。

下面提供几份某企业的安全检查表，供读者参考。

【精益范本 2】▸▸▸

公司级安全检查表

检查人：　　　　　　　　　　　　　　　　　　检查时间：

序号	检查项目	检查标准	检查方法（依据）	检查结果
1	工艺管理	（1）岗位操作人员严格遵守操作规程，中控指标的执行良好，操作记录及时、真实，字迹清晰工整 （2）各联锁装置已经投用，摘除、恢复联锁装置履行了相关手续 （3）冬季防冻防凝保温、夏季防暑降温措施完好	查现场及记录	

续表

序号	检查项目	检查标准	检查方法（依据）	检查结果
2	设备管理	（1）认真执行设备管理制度，设备维护保养、润滑、包机等落实到位 （2）备用设备状况良好，定期检查维护，确保可以随时启用 （3）现场无跑、冒、滴、漏现象，卫生状况良好 （4）机泵泵体、阀门、法兰、压力表、温度计等完好、无杂音、无振动，暴露在外的传动部位有符合标准的安全防护罩	查现场	
3	关键装置及重点部位	严格执行关键装置、重点部位安全管理制度，设备、设施运行良好，各监测报警装置安装齐全、运行良好，安全附件齐全，均在检测期内并运行良好，档案及安全检查记录齐全，应急预案按期演练	查现场及记录	
4	电气管理	严格执行各项规程，落实防火、防水、防小动物措施，室内通风良好、照明良好，变（配）电间清洁卫生、无渗漏油现象，变压油位和油温正常、无杂音，各接地良好，附属设备完好，按要求配备绝缘工具，定期检查，有测试报告和记录，防爆区电气设施符合防爆要求	查现场及记录	
5	消防管理	（1）供水消防泵一切设施完好，随时处于备用状态 （2）厂区内消火栓开启灵活，出水正常，排水良好，出水口闷盖、橡胶垫圈齐全完好，消防枪、消防水带等完好，消防水管管径及消火栓的配备数量和地点符合国家标准 （3）消防柜内器材放置在干燥、清洁处，附件完好无损，消防通道畅通无阻，消防水管保温良好	查现场	
6	化学品管理	（1）化学品原料有"一书一签"，储存地点和储存方式符合有关规定 （2）使用过程中，防中毒、防飞溅、防火防爆、防静电、防泄漏等防护措施落实到位，废弃的危险化学品包装物进行了无害化处理	查现场及记录	
7	安全设施	（1）避雷设施完好且冲击接地电阻小于10Ω （2）各安全阀、液位计、压力表完好且均在检验有效期内，远传信号良好，上下限报警正常，各联锁装置运行正常，且定期试验		

续表

序号	检查项目	检查标准	检查方法（依据）	检查结果
7	安全设施	（3）各储罐区防火堤、防护堤完好，各部位易燃气体、有毒气体泄漏报警装置运行良好，且标定单体泄漏后，喷淋等安全装置时刻处于工作状态 （4）各有毒有害岗位的过滤式防毒面具、空气呼吸器、防化服等设备完好有效，且定期维护	查现场及记录	
8	厂房建筑	各建（构）筑物的墙体无倾斜、裂纹，基础无塌陷，房顶及框架无腐蚀、开裂、倾斜、漏雨等现象；建（构）筑物的防火间距符合国家有关标准，间距不够的采取了防范措施；防雷设施完好，防腐处理完好；通风、防汛设施完好，地沟及地沟盖完好无损	查现场及记录	

【精益范本3】▶▶

车间级安全检查表

检查人：　　　　　　　　　　　　　　　　检查时间：

序号	检查项目	检查标准	检查方法（依据）	检查结果
1	职责	本车间各级管理人员及从业人员的安全生产责任制的落实情况良好	依据公司安全生产责任制检查	
2	工艺	（1）工艺管线无振动、松、动、跑、冒、滴、漏、腐蚀、堵塞等情况 （2）工艺阀门开关灵活，无开关不到位、过紧、过松、内漏外流、腐蚀、堵塞等情况	依据安全操作法查现场及记录	
3	设备	（1）设备各运转部件无异常响声 （2）裸露的运转部件防护罩安全可靠，辅机及管线无振动 （3）温度、压力、阻力、流量等在范围之内，液位指示准确	依据公司有关要求及安全操作规程查现场	
4	电气	（1）电气设备工作状态良好，电机声音正常 （2）保护接地牢靠 （3）电机及电气元件无火花及异常声音、气味 （4）电流、电压等在指标范围内	查现场	

续表

序号	检查项目	检查标准	检查方法（依据）	检查结果
4	电气	（5）本车间范围内的变、配电室门窗和玻璃齐全	查现场	
5	仪表	（1）仪表的指示准确、反应灵敏 （2）一次表和二次表及阀门动作统一 （3）仪表无锈蚀、松动等潜在危险	查现场	
6	现场管理	（1）工作现场清洁、有序，员工劳动防护用品穿戴符合要求，各种通道畅通无阻，应急灯具齐全可靠，气防用具定期维护保养，时刻处于备用状态等 （2）各种安全设施处于正常状态，使用有毒物品作业场所与生活区分开，有害作业与无害作业分开，高毒作业场所与其他作业场所有隔离 （3）可能发生急性职业损伤的有毒有害作业场所按规定设置警示标志、报警设施、冲洗设施及防护急救器具专柜，柜内设施齐全，设置应急撤离通道和必要的泄险区	查现场及记录	
7	安全教育	（1）车间各级管理人员定期参加班组安全活动 （2）班组安全活动有内容、有记录 （3）公司管理人员和安全员对安全活动记录进行检查、签字 （4）特种作业人员均持证上岗，转岗、下岗再就业、干部顶岗及脱岗6个月以上者，均参加车间级安全培训教育 （5）外来施工单位进入作业现场前，对其进行安全培训教育	查现场及记录	
8	关键装置及重点部位	（1）本车间关键装置及重点部位的运行良好 （2）安全监控设施运行良好 （3）应急预案合理，且具可操作性	查现场及记录	
9	作业证	本车间员工在从事动火作业、进入受限空间作业、破土作业、临时用电作业、高处作业等危险作业时，都要申办作业证	查作业许可证	
10	警示标志	（1）本车间易燃易爆、有毒有害场所的警示标志和告知牌完好 （2）检（维）修、施工、吊装等作业现场设置有警戒区域和警示标志	查现场	

【精益范本4】▶▶

工段（班组）级安全检查表

检查人：　　　　　　　　　　　　　　检查时间：

序号	检查项目	检查标准	检查方法（依据）	检查结果
1	劳动纪律	无违章指挥、违章作业、违反劳动纪律的现象	查现场	
2	工艺	（1）工艺管线无振动、松、动、跑、冒、滴、漏、腐蚀、堵塞等情况 （2）工艺阀门开关灵活，无开关不到位、过紧、过松、内漏外流、腐蚀、堵塞等情况	依据安全操作法查现场及记录	
3	设备	（1）本班组（工段）的设备各运转部件无异常响声 （2）裸露的运转部件防护罩齐全可靠，辅机及管线无振动 （3）温度、压力、阻力、流量等在范围之内，液位指示准确	依据公司有关要求及安全操作规程查现场	
4	电气	（1）电气设备工作状态良好，电机声音正常 （2）保护接地牢靠 （3）电机及电器元件无火花及异常声音、气味 （4）电流、电压等在指标范围内 （5）本班组（工段）范围内的变、配电室门窗和玻璃齐全	依据公司有关要求及安全操作规程查现场	
5	仪表	（1）仪表的指示准确、反应灵敏 （2）一次表和二次表及阀门动作统一 （3）仪表无锈蚀、松动等潜在危险	依据公司有关要求、安全操作规程查现场	
6	现场管理	工作现场清洁、有序，各种通道畅通无阻，应急灯具完好，气防用具定期维护保养，时刻处于备用状态等，各种安全、消防设施处于正常状态	查现场及记录	
7	安全教育	（1）班组安全活动有内容、有记录 （2）公司管理人员和安全员对安全活动记录进行检查、签字 （3）特种作业人员均持证上岗，岗位练兵及时完成	查现场及记录	
8	关键装置及重点部位	（1）本班组（工段）关键装置及重点部位的运行良好 （2）安全监控设施运行良好 （3）应急预案合理，且具可操作性	查现场及记录	

【精益范本5】▶▶

管理人员巡回安全检查表

检查人：　　　　　　　　　　　　　　　检查时间：

序号	检查项目	检查标准	检查方法（依据）	检查结果
1	工艺	（1）工艺管线无振动、松动、跑、冒、滴、漏、腐蚀、堵塞等情况 （2）工艺阀门开关灵活，无开关不到位、过紧、过松、内漏外流、腐蚀、堵塞等情况	依据安全操作法查现场及录	
2	设备	（1）各运转部件无异常响声，裸露的运转部件防护罩齐全可靠，辅机及管线无振动 （2）静止设备的运转状态良好	依据安全操作规程查现场	
3	电气	电机声音、振动正常，保护接地牢靠，电机及轴承温度不会升高，电机及电气元件无火花及异常声音、气味，变、配电室门窗和玻璃及安全防护措施齐全	依据安全操作规程查现场	
4	现场管理	工作现场清洁、有序，员工劳保用品的穿戴符合要求，各种通道畅通无阻，应急灯具完好，消防设施安全可靠，气防用具定期维护保养，时刻处于备用状态，可能发生急性职业损伤的有毒有害作业场所按规定设置警示标志、报警设施、冲洗设施，防护急救器具柜完好，柜内设施齐全	查现场	
5	安全教育	各车间对外来参观、学习及外来施工单位的人员进入作业现场前要进行安全培训教育	查现场及记录	
6	关键装置及重点部位	（1）公司关键装置及重点部位的运行良好 （2）安全监控设施运行良好 （3）应急预案合理，且具可操作性	查现场及记录	
7	作业证	公司员工在从事动火作业、进入受限空间作业、破土作业、临时用电作业、高处作业、检修作业等危险作业时，按程序进行作业证的申办工作	查作业许可证	
8	警示标志	公司易燃易爆、有毒有害场所的警示标志和告知牌完好，检（维）修施工、吊装等作业现场设置警戒区域和警示标志	查现场	

【精益范本6】▸▸

事故隐患整改通知单

____年__月__日　　　　　类别：　　　　　　　　　编号：

被检查单位		检查人	

检查时间和部位：

隐患现状：

整改要求：

纠正时限：

整改情况：

验证情况：

验证人：

检查员		被检查部门负责人	

【精益范本7】▸▸

事故隐患登记表

序号	登记时间	隐患内容	处理意见	登记人	检查人

第六章
设备安全管理

上课前十分钟，杨老师和学员们都早早地来到了教室。杨老师请大家看一些视频资料。

视频里播放着一个又一个惨烈的生产安全事故：有被机械设备割掉手指的；有头发被卷进设备里的；有发现设备故障时并未上报并违规操作，造成右大腿骨折的……

大家看得触目惊心，有一个学员泪流满面，因为想到了因设备事故而离世的年轻的工友，事故发生时这个工友还有一个刚出生未满月的孩子。

看完了视频，大家都默不作声，还是杨老师打破了寂静，说："大家看了视频，很难受吧？这些都是真实的，相信在我们的身边也有发生的吧！"

"是的，可是我们平时以为设备只是设备管理部门的事！"学员小张说。

"嗯，我们也是，直到有一天我们车间发生了一起严重的事故，工友小王失去了一只胳膊……"学员小梁有点哽咽地说。

……

杨老师等到大家不再发言了才开口："所有事故都是人的不安全状态和物的不安全因素造成的，生产设备是物。

设备是企业生产的基础。企业的正常生产依赖于良好的设备，只有有了完善的设备基础，才能够安全顺利地进行生产。

设备管理是安全生产的保障。生产设备管理得好与坏直接关系到设备的本质安全状况，也就是说，设备管理是直接影响安全生产的非常重要的一个环节。例如：设备的安全防护罩缺损，是设备管理不到位的一种表现；安全防护罩失去作用，就可能导致操作人员受害。

要确保安全生产，必须有运转良好的设备，而良好的设备管理，也就消除了大多数事故隐患，杜绝了大多数安全事故的发生。

平时对设备巡视不到位，未能及时发现设备隐患，造成了事故后果扩大化，不该发生的事情发生了，应该避免的没有避免，这不仅给当事人造成一生的遗憾，还对企业造成一定的损失……"

学员们这次听得格外认真，因为他们从血淋淋的教训中知道了设备安全管理的重要性，他们也知道，他们学了这课程，也要回去向领导、向管理人员、向员工去宣贯设备安全的管理知识，以确保生产安全。

第一节 设备安全管理概述

一、法律对设备安全的规定

为了加强安全生产工作，防止和减少生产安全事故，《中华人民共和国安全生产法》规定："生产经营单位必须对安全设备进行经常性维护、保养，并定期检测，保证正常运转。维护、保养、检测应当做好记录，并由有关人员签字。生产经营单位不得关闭、破坏直接关系生产安全的监控、报警、防护、救生设备、设施，或者篡改、隐瞒、销毁其相关数据、信息。"

对于特种设备的安全，《中华人民共和国特种设备安全法》第三条规定"特种设备安全工作应当坚持安全第一、预防为主、节能环保、综合治理的原则。"第十三条规定"特种设备生产、经营、使用单位及其主要负责人对其生产、经营、使用的特种设备安全负责。特种设备生产、经营、使用单位应当按照国家有关规定配备特种设备安全管理人员、检测人员和作业人员，并对其进行必要的安全教育和技能培训。"第十四条规定"特种设备安全管理人员、检测人员和作业人员应当按照国家有关规定取得相应资格，方可从事相关工作。特种设备安全管理人员、检测人员和作业人员应当严格执行安全技术规范和管理制度，保证特种设备安全。"第十五条规定"特种设备生产、经营、使用单位对其生产、经营、使用的特种设备应当进行自行检测和维护保养，对国家规定实行检验的特种设备应当及时申报并接受检验。"

二、设备的有害及危险因素

设备的有害及危险因素事故的直接原因是物的不安全状态和人的不安全行为，因此消除设备和环境的不安全状态是确保生产系统安全的物质基础。

设备的有害因素是指能影响人的身心健康，导致疾病（含职业病），或能对物造成慢性损坏的因素，危险因素则是指能对人造成伤亡或能对物造成突发性损坏的因素。

1. 机械性危险与有害因素

机械性危险与有害因素包括静态危险，如刀具的刀刃、机械设备突出部分、飞边等；运动状态下的危险，如接近危险、经过危险、卷进危险、打击危险、振动夹住危险、飞扬打击危险等。

2. 非机械性危险与有害因素

非机械性危险与有害因素如表6-1所示。

表6-1　非机械性危险与有害因素

序号	类别	因素说明
1	电击伤	指采用电气设备作为动力的机械以及机械本身在加工过程中产生的漏电或静电引起的危险，包括触电危险和静电危险
2	灼烫和冷冻危害	如在热加工作业中，有被高温金属体和加工机件灼烫的危险，或与设备的高温表面接触时有被灼烫的危险，与低温金属设备接触时有被冻伤的危险
3	振动危害	在机械加工过程中使用振动工具或机械本身产生的振动所引起的危害
4	噪声危害	机械加工过程或机械运转过程中所产生的噪声而引起的危害
5	电离辐射危害	指设备内部放射物质、X 射线装置、γ 射线装置等超出标准所允许的剂量而形成的电离辐射危险
6	化学物危害	机械设备在加工过程中产生的各种化学物所引起的危害，包括工业毒物危害，酸、碱等化学物质的腐蚀性危害和易燃易爆物质的危险
7	粉尘危害	指机械设备在生产过程中所产生的各种粉尘引起的危害

第二节　保证设备安全的途径

一、设备的本质安全

本质安全是指操作失误时，设备能自动保证安全；当设备发生故障时，能自动识别并自动消退，以确保人身和设备安全。为使设备达到本质安全而进行的讨论、设计、改造，以及实行各种措施的最正确组合，称为本质安全化。

从人机工程理论来说，损害事故的根本缘由是没有做到人－机－环境系统的本质安全化。因此，本质安全化要求对人－机－环境系统做出完善的安全设计，使系统中物的安全性能和质量到达本质安全程度。从设备的设计、使用过程分析，要实现设备的本质安全，可以从三方面入手。

1. 设计阶段

设计阶段采用技术措施来消除危险因素，使人不可能接触或接近危险区，如在设计中对齿轮系统采取远距离润滑或自动润滑，即可避免因加润滑油而接近危急区。又如将危急区完全封闭，采用安全装置，实现机械化和自动化等，都是设计阶段应当考虑的安全措施。

（1）设备的设计必须具备完善的安全卫生技术措施：设备及其零部件，必须有足够的强度、刚度、稳定性和可靠性；不准向工作场所和大气排放超过国家标准规定的有害物质，不应产生超过国家标准规定的噪声、振动、辐射和其他污染，对有可能产生的有害因素，必须在设计时采取有效措施加以防护，必须有直接安全卫生措施、间接安全卫生技术措施以及提示安全卫生技术措施。

（2）设备的设计必须具有良好的适应性。

（3）设备设计使用的材料要具有良好的安全卫生性能：用于制造生产设备的材料，在规定的使用期限内必须能承受在规定使用条件下的物理、化学和生物作用；在正常使用环境下，对人有危害的材料不用于制造设备；禁止使用能与工作介质发生反应而造成危害的材料；处理可燃气体、易燃和可燃液体的设备，其基础和本体应使用非可燃材料制造。

（4）设备应具有良好的稳定性。

（5）设备的操纵器、信号和显示器应满足安全技术并符合人体工程学原则。

（6）安全防护装置与设备配套。

2. 操作阶段

在操作阶段，企业应建立有计划的维护保养和预防性修理制度；采用故障诊断技术，对运行中的设备状态进行监测；避免或及早发觉设备故障，对安全装置进行定期检查，保证安全装置始终处于牢靠和待用状态，并提供必要的个人防护用品等。

3. 管理措施

管理措施是指企业应指导设备的安全使用，向用户及操作人员提供有关设备的资料、安全操作规程、修理安全手册等技术文件；加强对操作人员的训练和培训，提高工人发觉危险和处理紧急状况的能力。

总之，本质安全化从掌握导致事故的"物源"方面入手，提出防止事故发生的技术途径与方法，对于从根本上发觉和消除事故与隐患，防止误操作及设备故障可能发生的损害具有重要的作用。它贯穿于方案论证、设计、根本建立、生产、科研、技术改造等一系列过程的诸多方面，是确保安全生产所必须遵循的"物的安全原则"。

二、装设安全防护装置

为了实现设备本质安全而给主体设备设置的各种附加装置，统称为安全装置。

1. 安全装置的作用

（1）防止设备因超限运行而发生事故。

设备的超限运行是指超载、超速、超位、超温、超压运行等，当设备处于超限运行状态时，相应的安全装置（如超载限制器、限速器、限位开关、安全阀、熔断器等）就可以使设备卸载、卸压、降速或自动中断运行，避免事故发生。

（2）自动排除或避免因设备故障而引起的危急。

自动监测与诊断系统即属于该类安全装置，它可以通过监测仪器及时发现设备故障，并通过自动调整系统排除故障或中断危险；或通过自动报警装置，提示操作人员留意危险，从而避免事故发生。

（3）防止因人为的误操作而引起的事故。

如安全启动及安全联锁装置，通过制约相互冲突、相互干预的运动或动作来避免危急的发生。

（4）防止人误入危险区发生的事故。

在设备正常运行时，有人会有意或无意地进入设备运行范围内的危险区域，就有因接触危险与有害因素而致伤的可能，安全装置能阻挡人进入危险区而免遭损害，如防护罩、防护屏、防护栅栏等（图6-1和图6-2）。

图 6-1　防护栅栏

图 6-2　风机的防护罩和水泵的联轴器防护罩

2. 安全装置的类型与特点

生产中使用的设备种类繁多，存在的危险与有害因素各异，一般都有相应的专用安全装置。因此，安全装置的详细构造形式千变万化，种类繁多。但从安全装置的作用、组成及工作原理等方面看存在很多共性，据此，就可对安全装置进行分类。安全装置的分类方法许多，从不同的侧面有不同的分类方式。

（1）按使用方式可分为固定式和活动式两种（表6-2）。部分防护栏和防护罩如图6-3及图6-4所示。

表 6-2　安全装置的分类

类别	说明	细分	说明
固定式防护装置	它是保持在所需位置关闭或固定不动的防护装置，不用工具不可能将其打开或拆除	封闭式	将危险区全部封闭，人员从任何地方都无法进入危险区
		固定间距式和固定距离式	不完全封闭危险区，凭借其物理尺寸和离危险区的安全距离来防止人员进入危险区
活动式防护装置	它是通过机械方法（如铁链、滑道等）与机器的构架或邻近的固定元件相连接，不用工具就可以打开的防护装置	可调式防护装置	整个装置可调或装置的某组成部分可调，在特定操作期间调整件保持固定不动
		联锁防护装置	防护装置的开闭状态直接与防护的危急状态相联锁，只要防护装置不关闭，被其抑制的危急机器功能就不能执行；只有当防护装置关闭时，被其抑制的危急机器功能才有可能执行。在危急机器功能的运行过程中，只要防护装置被打开，就给出停机指令

图 6-3　消火栓的防护栏和起升机构的防护栏

图 6-4　磨床的防护罩和机器电动机的网状防护罩

（2）按控制方式或作用原理进行分类（表6-3）。

表 6-3　按控制方式或作用原理分类

序号	类别	说明
1	固定安全装置	在可能的情况下，应该通过设计，设置防止接触机器危险部件的固定的安全装置。装置应能自动地满足机器运行的环境及过程条件。装置的有效性取决于其固定的方法和开口的尺寸，以及在其开启后距危险点应有足够的距离。这些应由国家标准或规范来确定。安全装置应设计成只用扳手等专用工具才能拆卸
2	联锁安全装置	联锁安全装置的基本原理是，只有当安全装置关合时，机器才能运转，而只有当机器的危险部件停止运动时，安全装置才能开启。联锁安全装置可采取机械的、电气的、液压的、气动的或组合的形式。在设计联锁装置时，必须确保在发生任何故障时，都不使人暴露在危险之中
3	控制安全装置	如果机器的运行可以很迅速地停止，就可以使用控制装置。控制装置的原理是，只有当控制装置完全闭合时，机器才能开动。当操作者接通控制装置后，机器的运行程序才开始执行。如果控制装置断开，机器的运行就会迅速停止，或者反转。通常，在一个控制系统中，控制装置在机器运转时，不会锁定在闭合的状态
4	自动安全装置	自动安全装置的机制是，把任何暴露在危险中的人体部位从危险区域中移开。它仅能用在有足够的时间来完成这样的动作而不会导致伤害的环境下，因此，仅限于在低速运动的机器上使用
5	隔离安全装置	隔离安全装置是一种阻止人体的任何部位靠近危险区域的设施，例如固定的转栏等
6	可调安全装置	在无法实现对危险区域进行隔离的情况下（在使用机器时，有可能不可避免地会遇到这种情况），可以使用可调安全装置（具有可以调节部分的固定安全装置）。这些安全装置可能起到的保护作用在很大程度上有赖于操作者的使用和对安全装置正确的调节以及合理的维护

续表

序号	类别	说明
7	自动调节安全装置	自动调节安全装置由工件的运动而自动开启，当操作完毕后又回到关闭的状态
8	跳闸安全装置	跳闸安全装置的作用是，在操作到危险点之前，自动使机器停止或反向运动。该类装置依赖于敏感的跳闸机构，同时也依赖于机器能够迅速停止（使用刹车装置可能做到这一点）
9	双手控制安全装置	这种装置迫使操纵者要用两只手来操纵控制器。但是，它仅能对操作者而不能对其他有可能靠近危险区域的人提供保护。因此，还要设置能为所有的人提供保护的安全装置，当使用这类装置时，其两个控制之间应有适当的距离，而机器也应当在两个控制开关都开启后才能运转，而且控制系统需要在机器的每次停止运转后，重新启动

移动式空压机的护栏和防撞柱及砂轮机的防护挡板如图6-5所示。

图6-5　移动式空压机的护栏和防撞柱及砂轮机的防护挡板

3. 防护装置的安全技术要求

（1）固定防护装置应当用永久固定（通过焊接等）方式或借助紧固件（螺钉、螺栓、螺母等）固定方式，将其固定在所需的地方，若不用工具则不能使其移动或打开。

（2）进出料的开口部分尽可能地小，应满足安全距离的要求，使人不可能从开口处接触危险。

（3）活动防护装置或防护装置的活动体打开时，尽可能与防护的机械借助铰链或导链保持连接，防止挪开的防护装置或活动体丢失或难以复原。

（4）活动防护装置出现丢失安全功能的故障时，被其抑制的危急机器功能不能执行或停止执行；联锁装置失效不得导致意外启动。

（5）防护装置应是进入危急区的唯一通道。

（6）防护装置应能有效地防止飞出物引发的危险。

运转的轴承等部位如图6-6所示。

图 6-6　运转的轴承等部位（都有黄色醒目的防护罩或盖）

三、消除设备的不安全因素

要消除生产设备的不安全因素，应遵循以下根本原则。

1. 消除潜在危险的原则

在工艺流程中和生产设备上设置安全防护装置，增加系统的安全可靠性，即使人的不安全行为（如违章作业或误操作）已发生，或者设备的某个零部件发生了故障，也会由于安全装置的作用（如自动保险的作用）而避免伤亡事故的发生。

2. 减弱原则

当危险和有害因素无法消除时，应采取措施使之降低到人们可承受的水平，如依靠个体防护降低吸入尘毒数量，以低毒物质代替高毒物质等。

3. 距离防护的原则

生产中的危险因素对人体的损害往往与距离有关，依照距离危险因素越远，事故的损害越弱的道理，实行安全距离防护是很有效的。如对触电的防护、放射性或电离辐射的防护，都可应用距离防护的原理来减弱危险因素对人体的危害。

4. 防止接近原则

使人不能落入危险、有害因素作用地带，或防止危险、有害因素进入人的操作地带，如采用安全栅栏，冲压设备采用双手按钮等。

5. 时间防护原则

使人处于危险和有害因素作用环境中的时间缩短到安全限度之内，如对体力劳动和有毒有害作业实行缩短工时制度。

6. 屏蔽和隔离原则

屏蔽和隔离原则即在危险因素的作用范围内设置障碍，将危险因素与操作人员隔离开来，避免危险因素对人的损害，如转运、传动机械的防护罩，放射线的铅板屏蔽，高频的屏蔽等（图6-7和图6-8）。

图 6-7　操作人员和设备被防护栅栏严格隔离

图 6-8　人站在安全地带用计算机操作行车

7. 结实原则

这个原则是以安全为目的，提高设备的构造强度和安全系数，尤其在设备设计时更要充分运用这个原则，例如起重设备的钢丝绳、结实性防爆电机外壳等。

8. 设置薄弱环节原则

这个原则与结实原则恰巧相反，它利用薄弱的元件，在设备上设置薄弱环节，在危险因素未到达危险值以前，预先将薄弱元件破坏，使危险终止，例如电气设备上的熔丝、锅炉、压力容器上的安全阀等。

9. 闭锁原则

闭锁原则就是用某种方法使一些元件强制发生相互作用，以保证操作安全，如载人或载物的升降机，其安全门不关上就不能合闸开启，高压配电屏的网门，当合闸送电后就自动锁上，修理时只有拉闸停电后网门才能翻开，以防触电。

10. 取代操作人员的原则

在不能用其他方法消除危险因素的条件下，为摆脱危险因素对操作人员的损害，可用机器人或自动装置代替人工操作（图6-9）。

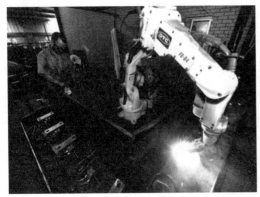

图 6-9　机器人或自动掌握装置代替人工操作

11. 制止、警告和报警原则

这是以人为目标，在危险部位通过文字、声音、颜色、光等信息，提示人们注意安全。例如设置警告牌，写上"此处危险，不准进入""高压危险，禁止靠近"等，车间起重设备运行时，用铃声提示人们；使用安全仪表、不同颜色的信号等（图6-10～图6-13）。

图 6-10　区域"危险"标志　　　　　　图 6-11　张贴"小心夹手"标志

图 6-12　机器上的安全提示　　　　　图 6-13　设备上"高压危险 请勿靠近"标志

四、加强设备的安全管理

要完全消除物质系统的潜在危机是不可能的，而导致人的不安全行为的因素又特别多，并且安全状态与安全行为往往又是相互关联的，许多不安全状态（机器设备的不安全状态）可以导致人的不安全行为，而人的不安全行为又会引起或扩大不安全状态。此外，任何事故发生都是一个动态过程，即人与物的状态都是随时间而变化的，事故的形成和进展是时间的函数。所以，加强安全管理是特别必要的。

设备管理就是管好、用好和维修好设备，使生产设备始终处于最佳技术状态。要管好、用好和维修好设备就必须掌握生产设备的运行规律，一台生产设备从投产到严重磨损有三个故障时期，而每个时期故障特点都不同。设备初期故障大多由于设备的设计制造和装配的缺陷造成。偶发性故障发生，是由于员工操作不当或其他因素造成的。出现偶发性故障时，应该突击抢修，查明原因，采取措施，防止事故再度发生，为此要加强对员工技能培训，另外要重视维修人员技术培训。磨损故障期的故障大部分是由于设备磨损严重和老化造成的。要掌握设备磨损的规律，企业应该加强对设备的日常维护保养、预防性检查；对引进的设备进行计划修理和改善修理，则应尽快掌握设备的操作和维修技术。

第三节　设备使用安全管理

设备使用要求做到安全、合理。一方面要制止设备的滥用、超负荷、超性能、超范围使用，造成设备过度磨损，寿命降低，导致安全事故；另一方面要提高设备使用效率，避免设备因闲置而造成的无形磨损。

一、设备使用前的准备工作

设备安装调试且验收合格后即可正式投入使用，但在正式投入使用前必须做好各项准备工作。

1. 编制设备管理制度文件

设备投入使用前应编制的技术资料有：

（1）设备使用管理规程，如保养责任制、操作证制、交接班制、岗位责任制、使用守则等；

（2）设备安全操作与维护规程；

（3）设备润滑卡片；

（4）设备日常检查（点检）和定期检查卡片；

（5）其他技术文件。

2. 培训操作工人

通过技术培训使工人熟悉设备性能、结构、技术规范、操作方法以及安全、润滑知识，明确各自的岗位技术和经济责任。在有经验的师傅指导下练习操作技术，达到独立操作的水平。工人的培训教育一般分为企业、车间、班组三级，企业级由人力资源部主抓，机动科与安全科配合，分别负责专业技术和安全知识教育；车间级由车间主任组织；班组级教育由班组长负责。

3. 其他工作

（1）清点随机附件，配备各种检查维修工具，办理交接手续。

（2）全面检查设备的安装、精度、性能及安全装置。

二、使用初期安全管理内容

（1）对安装试车过程中发现的问题及时联系处理，以保证调试投产进度。

（2）按照规定做好调试、故障维修、改进等有关记录，提出分析评价意见、填写设备使用鉴定书，供以后利用。

（3）对使用初期收集的信息进行分析处理：

① 向设计、制造单位反馈设计、制造方面的意见；

② 向安装、试车单位反馈安装、调试方面的信息；

③ 向维修部门上报维修方面的建议；

④ 向规划、采购部门反馈规划、采购方面的信息。

（4）完善设备安全管理制度。

设备正式投入使用前建立的管理制度，有的不全，有的与实际可能有出入，存在不完善之处，企业应尽快补充、完善、健全设备管理制度。

三、设备使用期安全管理

要使设备安全运行，发挥最佳效益，必须建立并严格执行设备使用、操作的有关制度。

1. 岗位责任制

设备使用和维护工作必须体现在操作工人的岗位责任制中，严格贯彻岗位责任制，可保证设备使用和维护的各项规章制度的贯彻，从而保证设备处于良好技术、安全状态，为企业生产经营创造有利的条件。

2. 定人定机制度

企业如果实行定人定机制度，更容易落实岗位责任制。企业主要生产设备的操作，由车间提出定人定机名单，经设备动力部门审批备案后执行，重点设备定人定机，重点管理，并执行交接班制度。操作人员凭设备操作证才能上岗。

3. 操作证制度

主要生产设备的操作工人，包括学徒、实习生等均应经过培训，考试合格，取得操作证后，才能独立操作设备。每个工人原则上只允许操作一种型号设备。熟练技工，经一专多能专业培训，考试合格后，允许其操作所取得操作证上规定的型号的设备。

操作工人必须经技术培训，熟练掌握技术操作规程和安全操作规程后方可取得操作证。 操作证由企业专门管理部门统一发放，禁止转借。特殊工种操作工须经培训取得特殊工作操作证后方能上岗。

企业应不断提高设备操作人员的技术水平，加强技术培训，并进行考试，考试合格者可以升级。在特殊情况下，例如事故后重新培训的工人，考试不合格，应取消其操作证，调离原岗位。

4. 安全检查、检验制度

设备运行安全检查（图6-14）是设备安全管理的重要措施，是防止设备故障和事故发生的有效方法。通过检查可全面掌握设备的技术状况和安全状况的变化及磨损情况，及时查明和消除设备隐患，根据检查发现的问题，开展整改，以确保设备的安全运行。安全检验是按一定的方法与检测技术对设备的安全性能进行预防性试验，以确定设备维修计划或安全运行年限。

图6-14 设备运行安全检查

5.维修保养制度

设备长期使用，必然造成各种零部件的松动、磨损，从而使设备状况变坏，导致动力性能下降，安全可靠性降低，甚至发生事故。因此，企业应建立维修保养制度，根据零部件磨损规律制订出切实可行的计划。定期对设备进行清洁、润滑、检查、调整等作业，是延长各零部件使用寿命，防止早期损坏，避免运行中发生故障、事故的有效方法（图6-15）。

图 6-15　设备定置管理并定期维护保养

（1）设备维护保养的作用和效能。

设备维护保养的作用和效能如图6-16所示。

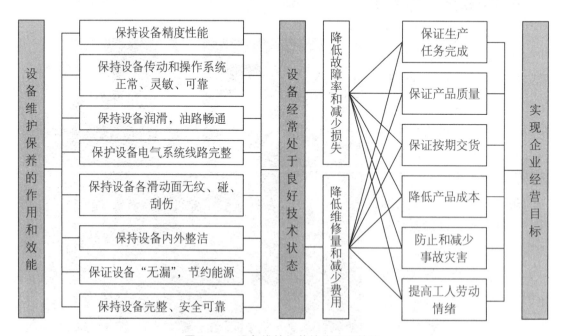

图 6-16　设备维护保养的作用和效能

（2）设备维护保养的要求。

设备维护保养的要求如表6-4所示。

表6-4　设备维护保养的要求

序号	要求	说明
1	整齐	工具、工件、附件放置整齐，工具箱、料架应摆放合理、整齐，设备零部件及安全防护装置齐全，各种标牌应完整、清晰，线路、管道应安装整齐、安全可靠
2	清洁	设备内外清洁，无油垢、无铁屑物，各滑动面、三扛、齿轮、齿条无油污、无碰伤，各部位不漏油、不漏水、不漏气、不漏电，设备周围地面经常保持清洁
3	润滑	按时、按质、按量加油和换油，保持油标醒目，油箱、油池、冷却箱应清洁，无铁屑物，油壶、油检、油杯、油嘴齐全，油毡、油线清洁，油泵压力正常，油路畅通，各部位轴承润滑良好
4	安全	实行定人定机和交接班制度，掌握"三好""四会"的基本功，熟悉设备结构，遵守操作维护规程和"五项纪律"，合理使用、精心维护，监测异状，不出事故

（3）设备维护保养的类别和内容。

设备维护保养工作有日常维护和定期维护两类。

① 设备日常维护（日常保养）。设备日常维护包括每班维护和周末维护两种（图6-17），由操盘工负责。

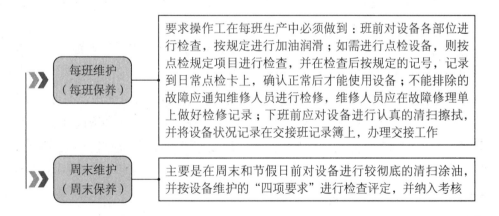

图6-17　设备日常维护（日常保养）的类别

② 设备定期维护（定期保养）。它是在维修人员辅助配合之下，由操作工进行的定期维护工作，是由设备主管以计划形式下达执行的。一般设备2～3个月进行一次，易磨多尘设备每月进行一次。设备定期维护（定期保养）的要求如表6-5所示。

表 6-5　设备定期维护（定期保养）的要求

具体内容与要求	定期维护后设备的要求
（1）拆卸指定的部件、箱盖及防护罩等，彻底清洁设备外部，检查及清洁设备内部 （2）检查、调整各部位的配合间隙，紧固松动部位，更换已磨损的易损件 （3）疏通油路，增添油料，清洁或更换滤油器、油毡、油线，更换冷却液，清洗冷却箱 （4）清洗导轨等滑动面，清除毛刺，修整划伤 （5）清洁、检查高速电气线路及装置（由电工负责执行） （6）排除故障，消除隐患	（1）内外清洁，呈现本色 （2）油路畅通，油标明亮 （3）操作灵活，运转正常

（4）精、大、稀、关键设备的使用维护要求实行四定：定使用人员、定检修人员、定操作维护规程、定维修方式和备品配件。

使用维护上的特殊要求如下。

① 要严格按使用说明书上的规定安装设备，并且要求每半年检查调整一次安装水平和精度，做好详细记录，存档备查。

② 对环境有特殊要求（恒温、恒湿、防震、防尘）的设备，应采取相应措施，确保设备的性能和精度不受影响。

③ 严格按照设备说明书所规定的加工工艺规范操作，加工余量合理，严禁进行粗加工，严禁超负荷、超性能使用设备。

④ 精、大、稀、关键设备在日常维护中一般不允许拆卸，尤其是光学部件，必要时应由专职修理工进行。

⑤ 按规定的部位和规定的范围内容，认真做好日常维护工作，发现异常，应立即停车，通知检修人员，绝不"带病运转"。

⑥ 润滑油料、擦拭材料以及清洗剂必须严格按说明书的规定使用，不得随意代替，尤其是润滑油和液压油，必须经化验合格才能使用，在加入油箱前必须进行过滤。

⑦ 非工作时间应加防护罩，如长期停歇，应定期进行擦拭、润滑、空运转。

⑧ 附件和专用工具应有专用柜架搁置，保持清洁，妥善保管，不得损坏，不得外借和丢失。

（5）设备日常检查。

设备日常检查是由操作工人和维修工每天例行维护工作中的一项主要工作，其目的是及时发现设备运行的不正常情况，并予以排除。检查方式是利用人的感官、简单的工具或装在设备上的仪表和信号标志（如压力表、温度计、电压、电流等检测仪表）进行检查。

（6）设备的日常点检。

点检是为了维护设备规定的功能，按照标准要求，对设备的某些指定部位，通过人的感觉器官（目视、手触、问诊、听声、嗅诊）和检测仪器进行的检查，使各部分的不正常现象能够及早被发现。

点检的作用与具体内容和部位如图6-18所示。

点检的作用

①能在早期发现设备的隐患或劣化程度，以便采取有效措施，及时加以消除，避免因突发故障而影响产量和质量、增加维修费用、缩短设备寿命、妨碍安全生产
②可以减少故障重复出现，提高开动率
③可以使操作工作内容具体化、规格化、易于执行
④可以对单台设备的运转情况积累资料，便于分析，摸索维修规律

点检的具体内容和部位

①影响人身或设备安全的保护、保险装置
②直接影响产品质量的部位
③在运行过程中需要经常调整的部位
④易于堵塞、污染的部位
⑤易磨损、损坏的零部件
⑥易老化、变质的零部件
⑦需经常清洗和更换的零部件
⑧应力特大的零部件
⑨经常出现不正常现象的部位
⑩运行参数、状况的指示装置

图 6-18 点检的作用与具体内容和部位

6. 交接班制度

企业的主要生产设备，有些处于三班制或四班制的日夜连续使用状态。因此必须建立设备交接班手续，形成设备交接班制度。以明确设备维护保养的责任，提供设备使用的第一手资料，为设备故障的动态分析和生产情况分析提供准确、有效、可靠的依据。设备交接班工作应该做到以下几点。

（1）凡多班制生产设备，都必须执行交接班制度，操作工应认真准确填写"设备交接班记录表"（表6-6）并签字。一班制设备，操作工应填写"设备使用日志"（表6-7）。

表 6-6　设备交接班记录表

工序名称		班组负责人		生产日期	
当班安全情况：					
当班工作安排部署：					
当班设备运转、润滑、保养情况（如必须注明设备的编号、所在部门、设备维护检修简况、更换配件名称和数量等事项）：					
当班设备巡检、主要设备点检情况：					
当班设备留存的问题及未处理原因：					
工作场所环境卫生：					
公用（共用）工具及备件情况：					
备注（1.共用工具名称　2.其他事项说明）：					

交班人：　　　　　　时间：　　　　　　接班人：　　　　　　时间：

表 6-7　设备使用日志（　年　月）

部门及班组：							设备编号：			设备名称：		
日期										填写内容指南		
内容												
1	设备运行情况									填写正常运行或故障		
2	清洁情况									填写已清洁或未清洁		
3	设备维护保养									填写有或无，并填写保养内容		
4	维修内容									据实填写		
5	更换备件									据实填写		
6	产品名称及规格									据实填写		
7	产品批号									据实填写		
8	生产时间									实际生产起止时间，如 9~17 时		
操作人签字												

（2）交班人员下班前必须认真清扫和擦拭设备，向接班人员介绍润滑、安全装置、传动系统、操作机构等各部位的情况，运行中有无可疑情况，以及维护、调整、检修情况。清点工具、仪表和检测仪器，认真进行交接，并填写记录。

（3）接班人员必须提前10～15分钟到达现场，了解设备情况，认真接班并检查记录填写情况，如果确认设备情况正常，记录填写无误，即可签字接班；否则，应立即提出，必要时可拒绝接班，并及时报告本班组长处理。设备接班后发生的问题，由接班者负责。

（4）交班组长应将本班内设备使用与故障情况，记录在组长"值班记录"内，向接班组长交代清楚并签字。对于较大问题、故障或危险隐患，应及时向车间设备员、安全员、设备工程师或设备主任报告。

（5）车间设备员、安全员、设备工程师、设备主任、设备科设备管理员、设备科长应定期与不定期地抽查设备交接班制度执行情况。

（6）"设备交接班记录簿""设备运行记录簿""设备安全状况记录簿"用完后，由车间保管，其中主要记录应于当月底摘抄记入设备管理档案。

7.设备使用守则

人们在长期的设备维护管理实践中总结和提炼了一整套有效的管理措施，对设备维护管理有重要的作用，这些措施要求设备操作人员做到"三好""四会""四项基本要求""五项纪律"和"润滑五定"，见图6-19～图6-23。

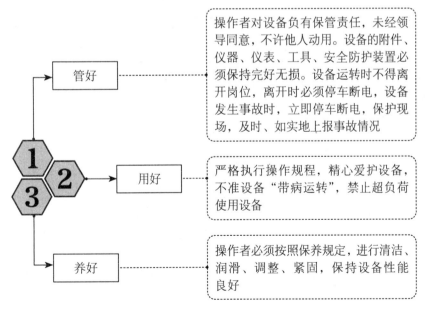

管好 —— 操作者对设备负有保管责任，未经领导同意，不许他人动用。设备的附件、仪器、仪表、工具、安全防护装置必须保持完好无损。设备运转时不得离开岗位，离开时必须停车断电，设备发生事故时，立即停车断电，保护现场，及时、如实地上报事故情况

用好 —— 严格执行操作规程，精心爱护设备，不准设备"带病运转"，禁止超负荷使用设备

养好 —— 操作者必须按照保养规定，进行清洁、润滑、调整、紧固，保持设备性能良好

图6-19 "三好"

1 会使用 操作者要熟悉设备结构、性能、传动原理、功能范围，会正确选用速度以及控制电压、电流、温度、流量、流速、压力、振幅和效率，严格执行安全操作规程，操作熟练，操作动作正确、规范

2 会维护 操作者要掌握设备的维护方法、维护要点，能准确、及时、正确地做好维修保养工作，做到定时、定点、定质、定量润滑，保证油路畅通

3 会检查 操作者必须熟知设备开动前和使用后的检查项目内容，正确进行检查操作。设备运行时，应随时观察设备各部位运转情况，通过看、听、摸、嗅和机装仪表判断设备运转状态，分析并查明异常产生的原因。会使用检查工具和仪器检查、检测设备，并能进行规程规定的部分解体检修工作

4 会排除故障 操作者能正确分析判断一般常见故障，并可承担排除故障工作，能按设备技术性能，掌握设备磨损情况，鉴定零部件磨损情况，按技术质量要求，进行一般零件的更换工作。排除不了的疑难故障，应该及时报检、报修

图 6-20 "四会"

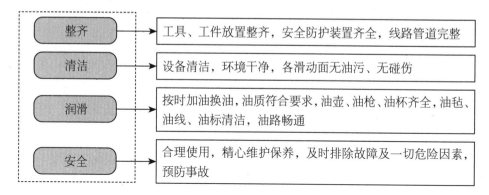

整齐	工具、工件放置整齐，安全防护装置齐全，线路管道完整
清洁	设备清洁，环境干净，各滑动面无油污、无碰伤
润滑	按时加油换油，油质符合要求，油壶、油枪、油杯齐全，油毡、油线、油标清洁，油路畅通
安全	合理使用，精心维护保养，及时排除故障及一切危险因素，预防事故

图 6-21 "四项基本要求"

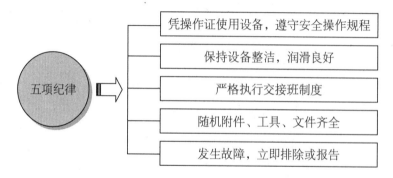

五项纪律
- 凭操作证使用设备，遵守安全操作规程
- 保持设备整洁，润滑良好
- 严格执行交接班制度
- 随机附件、工具、文件齐全
- 发生故障，立即排除或报告

图 6-22 "五项纪律"

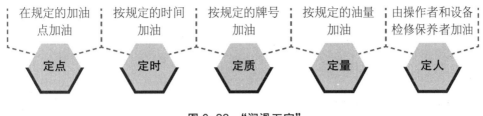

图 6-23　"润滑五定"

四、设备运行的安全管理

（1）作为生产一线的车间设备管理人员必须做到及时巡回检查，发现设备异常，必须及时发出异常情况反馈，并就存在的问题制定纠正和预防措施，予以整改。作为设备管理的职能部门应该做到每周至少检查一次，而其他的相关部门（比如安全管理部门）应每月组织一次综合安全大检查，并不定期检查设备运行及安全管理状况。

（2）作为操作人员必须掌握设备操作的"四懂、三会"；做到持证上岗；严格按操作规程进行设备的启动、运行与停车，严禁违章操作；坚守岗位，严格执行交接班制度，将班内所有情况交接清楚；经常擦拭设备的各个部件，使其无油垢、无漏油，运转灵活，及时消除设备的跑、冒、滴、漏。

（3）作为维修人员应主动了解设备运行状况，并定时、定点检查；维修或操作人员发现设备不正常，应立即检查原因，及时上报有关部门或人员，在紧急情况下，应采取果断措施或立即停车，不弄清原因、不排除故障，不得盲目开车。发生的问题及处理情况必须详细如实地记录，并向下一班交代清楚。

（4）设备停运期间，应有专人负责，定期检查维护，注意防尘、防潮、防冻、防腐蚀，对于传动设备还应定期进行盘车和切换，使其处于良好状态。

五、设备检修的安全管理

1. 设备检修前的准备

（1）设备的小修、计划外检修、日常检修，要指定专人负责，同时指定安全负责人。设备的年度大检修由分管厂长负责，并成立大修项目小组，制定大修方案，另外也必须指定设备检修安全负责人。

（2）设备的大修，必须制定安全及防护措施，同时还要制定置换、清洗、中和、吹扫、抽堵盲板、重大起吊等方案，并经有关部门进行技术安全会审并批准。

（3）检修前，除了企业已制定的安全规定以外，还必须针对检修作业内容、范围提出补充安全要求，明确作业程序、安全纪律，并指派专人负责现场安全监督检查工作。

（4）检修前必须根据检修项目、内容、要求，准备好所需材料、附件、设备，做好各种用具的安全检查，按规定搭好脚手架，并指定专人仔细检查安全防护用具、测量仪器、消防器材。

（5）检修施工前必须明确各种配合联络程序、信号。

（6）施工前还须对全体参加检修人员进行一次全面教育，对特殊工种人员，必须进行重点教育。

2. 检修的实施

（1）施工单位在检修前必须办理检修许可证、动火安全作业证等各种安全作业票证。

（2）检修前必须对设备进行盲板抽堵、清洗置换、卸压、切断电源等安全技术处理，解除设备的危险因素。

（3）检修中应经常清理现场，保持道路畅通，对于危险区域，应设置安全标志或防护栅栏。

（4）检修中要求各级人员分片包干，责任到人，经常进行巡回检查，加强现场安全管理。

第七章
危险化学品
安全管理

情景导入

杨老师提了一瓶液体进入教室，眼尖的学员看到了瓶子上标的文字"天那水"。学员觉得杨老师上课真有趣，居然带了天那水来。

看着学员迷惑的表情，杨老师开口讲话了："大家都知道这是什么吧？"

"知道，是天那水。"很多学员回答。

"大家都认识，看来有很多公司用它。"杨老师微笑着说。

"嗯，天那水是一种易燃易爆的化学危险品，挥发性仅次于汽油。天那水属于有机溶剂，对皮肤有脱脂作用，会使皮肤变干燥，严重时会皲裂。吸入天那水，尽管有芳香的味道，但是非常有害，短时间吸入高浓度天那水会觉得眼鼻刺激甚至流泪。"小张迫不及待地接着杨老师的话。

"那大家所在的公司是怎么管理它的呢？"杨老师盯着小张。

"有专人管理，存放在一个专门的地方。"

"领用的时候要登记，使用完了退回也要登记。"

"使用的时候要戴橡胶手套，并要戴上口罩。"

……

大家一听老师的发问，就争先恐后地说出自己所在公司的管理经验。

"很好，每个公司都有自己管理的一些办法。"杨老师总结说，"危险化学品是企业安全管理的重点。危险化学品往往具有非常强烈的毒性、爆炸性，对人体健康容易造成非常严重的伤害。危险化学品在搬运、装卸、储存、使用、废弃处理等各个环节都要严格加以控制……"

杨老师一边讲，一边放着PPT，PPT上对化学品的分类、特征、管理措施等都有清晰的描述，并配有一些生动的图片……

第一节 危险化学品使用基础知识

一、危险化学品的种类

危险化学品一般都具有易燃、易爆、腐蚀、有毒有害等性质，一般按化学品的主要危害特性，将其分为八大类，具体如表7-1所示。

表7-1 危险化学品的种类

序号	种类	举例说明
1	爆炸品	如硝酸甘油、TNT 等
2	压缩气体和液化气体	如氢气、氨气、石油液化气等
3	易燃液体	如苯、天那水、异丙醇等
4	易燃固体、自燃物品和遇湿易燃物品	如黄磷、铝粉、镁粉、钠、钾、氢化铝等
5	氧化剂和有机过氧化物	如氯酸钾、过氧化钠等
6	放射性物品	如镭、铀等
7	毒害品	如硝基苯、氰化物等
8	腐蚀品	如硝酸、发烟硫酸等

二、危险化学品的重要特征

1. 危险化学品对人体的毒害性

某些危险化学品不仅能引起中毒，还具有致突变、致畸胎和致癌作用，其中中毒又有急性和慢性之分，一般与所接触毒物的种类、性质、浓度和时间及人的身体素质有关。

2. 毒物进入人体的三种途径

毒物进入人体的三种途径如图7-1所示。

途径一 ▷ 通过呼吸道中毒

> 由呼吸道吸入有毒气体、粉尘、蒸气、烟雾能引起呼吸系统中毒。这种形式的中毒是比较常见的，尤其是有机溶剂的蒸气和化学反应中所产生的有毒气体，如乙醚、丙酮、甲苯等蒸气和氰化氢（气体）、氯气、一氧化碳等

图7-1

| 途径二 | 通过消化道中毒 |

除误吞服外，更多的情况是由于手上沾染毒物，在吸烟、进食、饮水时进入消化系统而引起中毒。这类毒物多以剧毒的粉剂较为常见，如氰化物、砷化物、汞盐等

| 途径三 | 通过皮肤和五官黏膜中毒 |

某些毒物接触皮肤，或其蒸气、烟雾、粉尘对眼、鼻、喉等的黏膜产生的刺激作用。如汞剂、苯胺类、硝基苯等，可通过皮肤或黏膜吸收而使人中毒。氮的氧化物、二氧化碳、三氧化硫、挥发性酸类、氨水等，对皮肤、眼、鼻、喉黏膜刺激性都很强

图 7-1　毒物进入人体的三种途径

毒物从以上三个途径进入人的机体以后，逐渐侵入血液系统直至遍及全身各部位，引起更加危险的症状。特别是由消化系统侵入后，通过门脉系统经肝脏进入血液，以及从呼吸道进入肺泡中被吸收都是比较迅速的。

三、危险化学品安全说明书

危险化学品安全说明书（material safety data sheet，MSDS），国际上称作化学品安全信息卡。

1.MSDS 的安全数据信息

了解危险化学品的特性，可从MSDS入手。MSDS简要地说明了一种化学品对人类健康和环境的危害性并提供怎样安全搬运、储存和使用该化学品的信息。

MSDS安全数据信息如图7-2所示。危险化学品安全周知卡如图7-3所示。

01　化学产品与公司标识符
02　化合物信息或组成成分
03　误用该化学产品时可能出现的危害人体健康的症状及有危害物标志
04　紧急处理说明和医生处方
05　化学产品防火指导，包括产品燃点、爆炸极限值以及适用的灭火材料
06　为使偶然泄漏造成的危害降低到最低限度应采取的措施
07　安全装卸与储存的措施；减少工人接触产品以及提高自我保护的装置和措施

08	化学产品的物理和化学属性
09	改变化学产品稳定性以及与其他物质发生反应的条件
10	化学物质及其化合物的毒性信息
11	化学物质的生态信息，包括物质对动植物及环境可能造成的影响
12	对该物质的处理建议
13	基本的运输分类信息
14	与该物质相关的法规的附加说明
15	其他信息

图 7-2 MSDS 安全数据信息

化学品标识	危险特性	身体防护措施
中文名称：盐酸 英文名称：hydrochloric acid 化学式：HCl CAS号：7647-01-0	能与一些活性金属粉末发生反应，放出氢气。遇氰化物能产生剧毒的氰化氢气体。与碱发生中和反应，并放出大量的热。具有较强的腐蚀性。	● 必须戴防毒面具 ● 必须戴防护手套 ● 必须戴防护眼镜 ● 必须穿防护服
危险性类别 **腐蚀！** **危险性理化数据** 熔点（℃）：-114.8（纯） 沸点（℃）：108.6(20%) 相对密度（水=1）：1.20 饱和蒸气压（kPa）：30.66(21℃)	**现场急救措施** 皮肤接触：立即脱去污染的衣物，用大量流动清水冲洗至少15分钟，就医。 眼睛接触：立即提起眼睑，用大量流动清水或生理盐水彻底冲洗至少15分钟。就医。 吸入：迅速转移到空气新鲜处，给输氧，就医。 食入：用水漱口，给饮牛奶或蛋清。就医。	**泄漏处理及防火防爆措施** 迅速撤离泄漏污染区人员至安全区，并进行隔离，严格限制出入。建议应急处理人员戴自给正压式呼吸器，穿防酸碱工作服。不要直接接触泄漏物。尽可能切断泄漏源。小量泄漏：用砂土、干燥石灰或苏打灰混合。也可以用大量水冲洗，洗水稀释后放入废水系统。大量泄漏：构筑围堤或挖坑收容。用泵转移至槽车或专用收集器内，回收或运至废物处理场所处置。

危险性标志	接触后表现	浓度	当地应急救援单位名称	企业应急救援电话
	接触其蒸气或烟雾，可引起急性中毒，出现眼结膜炎，鼻及口腔粘膜有烧灼感，鼻衄、齿龈出血，气管炎等，误服可引起消化道灼伤、溃疡形成，有可能引起胃穿孔、腹膜炎等。眼和皮肤接触可致灼伤。 慢性影响：长期接触，引起慢性鼻炎、慢性支气管炎、牙齿酸蚀症及皮肤损害。	中国 MAC(mg/m³)： 15	火 警：119 医疗急救：120 ××市安监局：×××××	×××××××

图 7-3 危险化学品安全周知卡

2.MSDS 的主要作用

MSDS作为传递产品安全信息的最基础的技术文件，其主要作用如图7-4所示。

1	提供有关化学品的危害信息，保护化学产品使用者
2	确保安全操作，为制定危险化学品安全操作规程提供技术信息
3	提供有助于紧急救助和事故应急处理的技术信息
4	指导化学品的安全生产、安全流通和安全使用
5	是化学品登记管理的重要基础和信息来源

图 7-4　MSDS 的主要作用

四、危险化学品安全标签

危险化学品安全标签是指粘贴在危险化学品包装上的标签，起警示的作用。危险化学品安全标签，是向接触化学品的人员提示其危险性及正确掌握该化学品安全处置方法的良好途径。

危险化学品安全标签的主要内容如图7-5所示。危险化学品安全标签示例见图7-6。规范的危险化学品安全周知卡要求如图7-7所示。

危险化学品安全标签的主要内容

- 化学品和其主要有害组成标志
- 警示词
- 危险性概述
- 安全措施
- 灭火措施

- 批号
- 提示向生产销售企业索取安全技术说明书
- 生产企业名称、地址、邮编、电话
- 应急咨询电话

图 7-5　危险化学品安全标签的主要内容

危险化学品安全标签随商品流动，一旦发生事故，可从标签上了解有关处置资料，同时，标签还提供了生产厂家的应急咨询电话，必要时，可通过该电话与生产厂家取得联系，咨询处理方法。

讲师提醒

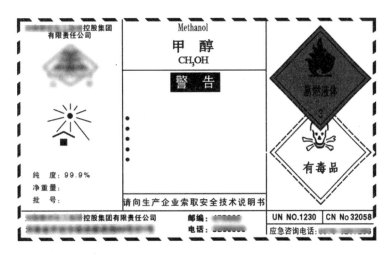

图 7-6 危险化学品安全标签示例

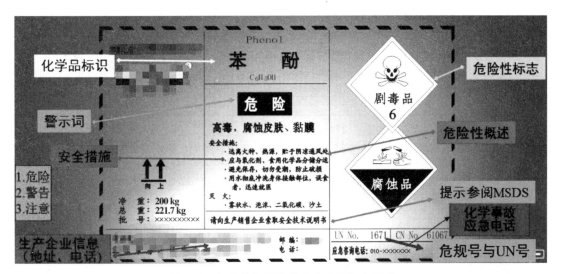

图 7-7 规范的危险化学品安全周知卡要求

第二节 危险化学品管理

一、危险化学品的搬运、装卸

危险化学品具有自燃、爆炸、助燃、毒害、腐蚀等危险特性，受到摩擦、震动、撞击，或接触火源、日光暴晒、遇水受潮，或温度、湿度变化，以及性能相抵触等外界因素的影响，会引起燃烧、爆炸、中毒、死亡等灾害性事故，造成重大的破坏和损失。因此，搬运和装卸过程中的安全操作极为重要。同时，对于不同特性的危险化学品，其搬运、装卸有各自特殊的要求。

1. 危险化学品搬运、装卸的基本要求

基本要求是指不管哪种化学危险品，在搬运、装卸时都必须遵守的规定、要求。危险化学品搬运、装卸的基本要求如图7-8所示。

在搬运、装卸化学危险物品前，要预先做好准备工作，了解物品性质，检查搬运、装卸的工具是否牢固，不牢固的应予以更换或修理。如工具上曾被易燃物、有机物、酸、碱等污染的，必须清洗后方可使用

搬运、装卸时，操作人员应根据不同物资的危险特性，分别穿戴相应、合适的防护用具，对毒害、腐蚀、放射性等物品更应加强注意。防护用具包括工作服、橡胶围裙、橡胶袖罩、橡胶手套、长筒胶靴、防毒面具、滤毒口罩、纱口罩、纱手套和护目镜等

操作中，对化学危险物品应轻拿轻放，防止撞击、摩擦、碰摔、震动。液体铁桶包装下垛时，不可用跳板快速溜放，应在地上、垛旁垫旧轮胎或其他松软物，缓慢放下。有不可倒置标志的物品切勿倒放

在搬运、装卸化学危险物品时，不得饮酒、吸烟。工作完毕后，根据工作情况和危险品的性质及时清洗手、脸以及漱口或淋浴。搬运、装卸毒害品时，必须保持现场空气流通，如果发现恶心、头晕等中毒现象，应立即到新鲜空气处休息，脱去工作服和防护用具，清洗皮肤沾染部分，重者送医院诊治

图 7-8　危险化学品搬运、装卸的基本要求

发现包装破漏，必须将其移至安全地点整修或更换包装。整修时不应使用可能产生火花的工具。化学危险物品撒落在地面、车板上时，应及时扫除，对易燃易爆物品应用松软物经水浸湿后扫除。

2. 压缩气体和液化气体搬运要领

压缩气体和液化气体是气体经压缩后成为压缩气体或液化气体而储存于耐压容器中的。它具有因受热、撞击或气体膨胀使容器受损引起爆炸的危险。它分为剧毒气体、易燃气体、助燃气体和不燃气体四项，如液化氮、压缩氧、乙炔、压缩氯等都属此类物品。

压缩气体和液化气体搬运要领如图7-9所示。

要领一	储存压缩气体和液化气体的钢瓶是高压容器，装卸、搬运作业时，应用抬架或搬运车，防止撞击、拖拉、摔落，不得溜坡滚动
要领二	搬运前应检查钢瓶阀门是否漏气，搬运时不要把钢瓶阀对准人身，注意防止钢瓶安全帽跌落
要领三	装卸有毒气体钢瓶时，应穿戴防毒用具。对于剧毒气体钢瓶，要当心漏气，防止吸入毒气
要领四	搬运氧气钢瓶时，工作服和装卸工具不得沾有油污
要领五	易燃气体严禁接触火种，在炎热季节，搬运作业应安排在早晚阴凉时

图 7-9　压缩气体和液化气体搬运要领

3.易燃液体搬运要领

凡在常温下以液体状态存在，遇火容易引起燃烧，其闪点在45摄氏度以下的物质都称为易燃液体。易燃液体的闪点低、气化快、蒸气压力大，又容易和空气混合成爆炸性的混合气体，在空气中浓度达到一定范围时，不仅火焰能引起起火燃烧或蒸气爆炸，其他如火花、火星或发热表面都能使其燃烧或爆炸。因此，在装卸、搬运作业时必须注意图7-10所示的几点。

要领一	搬运作业前应先进行通排风
要领二	搬运过程中不能使用黑色金属工具，必须使用时应采取可靠的防护措施；装卸机具应装有防止产生火花的防护装置
要领三	在搬运时必须轻拿轻放，严禁滚动、摩擦、拖拉
要领四	夏季运输要安排在早晚阴凉时间进行作业；雨雪天作业要采取防滑措施
要领五	罐车运输要有接地链

图 7-10　易燃液体搬运要领

4.易燃固体搬运要领

在常温下以固态形式存在，燃点较低，遇火、受热、撞击、摩擦或接触氧化剂能引起燃烧的物质，称易燃固体，如赤磷、硫黄、松香、樟脑、镁粉等。

易燃固体燃点低，对热、撞击、摩擦敏感，容易被外部火源点燃，而且燃烧迅速，并散发出有毒气体。在装卸、搬运时除按易燃液体的要求处理外，作业人员禁止穿带铁钉的鞋，不可与氧化剂、酸类物资混合搬运。搬运时散落在地面上和车厢内的粉末，要随即以湿黄沙抹擦干净。装运时要捆扎牢固，使其不摇晃。

5. 遇湿燃烧物品搬运要领

遇湿燃烧物品是指与水或空气中的水分能发生剧烈反应，放出易燃气体和热量，从而造成火灾危险的物品。

遇湿燃烧物品与水相互作用时发生剧烈的化学反应，放出大量的有毒气体和热量，由于反应异常迅速，反应时放出的气体和热量又多，使所放出来的可燃性气体迅速地在周围空气中达到爆炸极限，一旦遇明火或自燃就可能引起爆炸。所以在搬运、装卸作业时要注意如图7-11所示的几点内容。

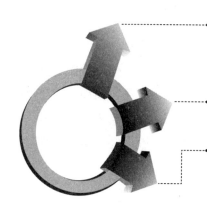

要注意防水、防潮，雨雪天没有防雨设施不准作业。若有汗水应及时擦干，绝对不能直接接触遇湿燃烧物品

在装卸、搬运中不得翻滚、撞击、摩擦、倾倒，必须做到轻拿轻放

电石桶搬运前须先放气，使桶内乙炔气放尽，然后搬动。须2人抬扛，严禁滚桶、重放、撞击、摩擦，防止引起火花。工作人员须站在桶身侧面，避免人体面向电石桶面或底部，以防爆炸伤人。不得与其他类别危险化学品混装混运

图 7-11　遇湿燃烧物品搬运要领

6. 氧化剂搬运要领

氧化剂是指处于高氧化态，具有强氧化性，易分解并放出氧和热量的物质。

氧化剂包括含有过氧基的无机物，这些无机物本身不一定可燃，但能导致可燃物的燃烧。与粉末状可燃物能组成爆炸性混合物，对热、震动或摩擦较为敏感。

氧化剂在装运时除了注意以上规定外，应单独装运，不得与酸类、有机物、自燃、易燃、遇湿易燃的物品混装混运，一般情况下氧化剂也不得与过氧化物配装。

7. 毒害物品及腐蚀物品搬运要领

毒害物品是指进入人体后，累积达一定的量，能与体液和组织发生生物化学作用或生物物理作用，扰乱或破坏人体的正常生理功能，引起暂时性或持久性的病理改变，甚至危及生命的物品。

腐蚀物品是指能灼伤人体组织并对金属等物品造成损坏的固体或液体。与皮肤接触4小时内出现可见坏死现象，或温度在55摄氏度时，对20号钢的表面均匀年腐蚀率超过6.25毫米的固体或液体。

毒害物品尤其是剧毒物品，少量进入人体或接触皮肤，即能造成局部刺激或中毒，甚至死亡。腐蚀物品具有强烈腐蚀性，除对人体、动植物体、纤维制品、金属等能造成破坏外，甚至会引起燃烧、爆炸。腐蚀物品搬运要领如图7-12所示。

要领一	在搬运时，要严格检查包装容器是否符合规定，包装必须完好
要领二	作业人员必须穿戴防护服、橡胶手套、橡胶围裙、橡胶靴、防毒面具等
要领三	搬运剧毒物品时要先通风，再作业，作业区要有良好的通风设施。剧毒物品在运输过程中必须派专人押运
要领四	装卸要平稳，轻拿轻放，严禁肩扛、背负、冲撞、摔碰，以防止包装破损
要领五	严禁作业过程中饮食；作业完毕后必须更衣洗澡；防护用具必须清洗干净后方能再用
要领六	搬运剧毒品的车辆和机械用具，都必须彻底清洗，才能搬运其他物品
要领七	搬运现场应备有清水、苏打水和稀醋酸等，以备急用
要领八	腐蚀物品装载不宜过高，严禁架空堆放；坛装腐蚀品运输时，应套木架或铁架

图7-12　腐蚀物品搬运要领

二、危险化学品的储存

危险化学品储存安全就是对存放有危险化学品的仓库或者仓库内的危险化学品进行适当的管理，以确保其在储存过程中的安全。

1. 危险化学品的储存安排

危险化学品储存安排取决于危险化学品分类、分项、容器类型、储存方式和消防的要求，具体如图7-13所示。

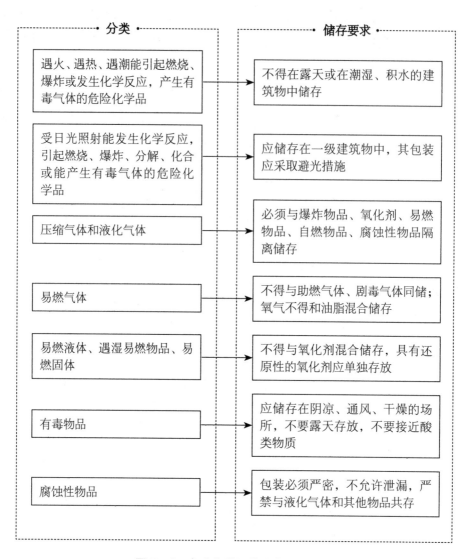

图7-13　危险化学品的分类储存要求

危险化学品入库时，应严格检验其质量、数量、包装情况（有无泄漏）。

讲师提醒

2. 设置危险化学品保管专员

企业应设置专门的危险化学品专员，对危险化学品进行全面管理，并为其明确职责，具体如图7-14所示。

职责一	危险化学品保管专员应熟悉本单位储存和使用的危险化学品的性质、保管业务知识和有关消防安全规定
职责二	危险化学品保管专员应严格执行国家、省、市有关危险化学品管理的法律法规和政策，严格执行本单位的危险化学品储存管理制度
职责三	严格执行危险化学品的出入库手续，对所保管的危险化学品必须做到数量准确、账物相符、日清月结。每月28日前完成出入库手续，完成当月原材料、产成品盘点报表；定期清点库存，做到心中有数，以便按生产计划提前上报采购计划，保证生产
职责四	定期按照消防的有关要求对仓库内的消防器材进行管理、定期检查、定期更换
职责五	定期对库房进行定时通风，通风时人员不得远离仓库。做到防潮、防火、防腐、防盗
职责六	对因工作需要进入仓库的职工进行监督检查，严防原料和产品流失
职责七	对危险化学品按法律法规和行业标准的要求分垛储存、摆放，留出防火通道
职责八	正确使用劳保用品，并指导进入仓库的职工正确佩戴劳保用品
职责九	定期对仓库内及其周围的卫生进行清扫
职责十	按时完成厂领导交办的其他工作

图 7-14　危险化学品保管专员的职责

3. 危险化学品定期检查

危险化学品入库后应根据其特性采取适当的养护措施，在储存期内定期检查，做到一月两检，并做好检查记录。发现其品质变化、包装破损、稳定剂短缺等及时处理。化学品包装及存储常见化学品标签如图7-15所示。

图 7-15　化学品包装及存储常见化学品标签

4. 危险化学品储存对火灾的防范

（1）物质燃烧必须具备三个条件。物质燃烧必须具备的三个条件即可燃物、助燃物、着火源。无论固体、液体或气体物质，凡是与空气中的氧气或其他氧化剂起剧烈化学反应的都是可燃物。帮助和支持燃烧的物质称为助燃物，主要是空气中的氧。凡是能引起可燃物质燃烧的热能都叫着火源。

（2）危险化学品储存发生火灾的原因。危险化学品储存发生火灾的原因主要有如图7-16所示的九种情况。

着火源控制不严 ☞	在危险化学品的储存过程中，着火源主要有两个方面。一是外来火种，如烟囱飞火、汽车排气管的火星、库房周围的明火作业、吸烟的烟头等。二是内部设备不良、操作不当引起的电火花、撞击火花和太阳能、化学能等
性质相抵触物品混存 ☞	出现危险化学品的禁忌物料混存，往往是由于经办人员缺乏知识或者是有些危险化学品出厂时缺少鉴定；也有的企业因储存场地缺少而任意临时混存，造成性质抵触的危险化学品因包装容器渗漏等原因发生化学反应而起火
产品变质 ☞	有些危险化学品已经长期不用，仍废置在仓库中，又不及时处理，往往因变质而引起事故
养护管理不善 ☞	仓库建筑条件差，不满足所存物品的储存要求，如不采取隔热措施，使物品受热；因保管不善，仓库漏雨进水使物品受潮；盛装的容器破漏，使物品接触空气或易燃物品蒸气扩散和积聚等均会引起着火或爆炸
包装损坏或不符合要求 ☞	危险化学品容器包装损坏，或者出厂的包装不符合安全要求，都会引起事故
违反操作规程 ☞	搬运危险化学品没有轻装轻卸；或者堆垛过高不稳，发生倒塌；或在库内违反安全操作规程改装打包、封焊修理等造成事故
建筑物不符合存放要求 ☞	危险品库房的建筑设施不符合要求，造成库内温度过高、通风不良、湿度过大、漏雨进水、阳光直射，有的缺少降温设施，使物品达不到安全储存的要求而发生火灾
雷击 ☞	危险品仓库一般都是设在城镇郊外空旷地带的独立建筑物，或是露天的储罐，或是堆垛区，十分容易遭雷击
着火扑救不当 ☞	因不熟悉危险化学品的性能和灭火方法，着火时使用不当的灭火器材使火灾扩大，造成更大的危险

图 7-16　危险化学品储存发生火灾的九大原因

三、危险化学品的使用

危险化学品的使用就是将其运用于产品中，或使之达成某种目的。危险化学品的使用要求如图7-17所示。

危险化学品使用部门要限量领用。制定领用、暂存制度，重要岗位应配备相关危险化学品的 MSDS 清单（或安全技术说明书）。使用人员必须了解危险化学品的性能，做好个人安全防护工作，严格按照危险化学品操作要求操作

使用部门暂存危险化学品时，应在固定地点分类（分室）存放，并做好相应的防挥发、防泄漏、防火、防盗等预防措施，应有处理泄漏、着火等应急保障设施

使用责任部门加强对使用场所和暂存场所的检查，形成检查记录。安全部负责对其进行定期巡查，并建立巡查记录

图 7-17　危险化学品的使用要求

四、危险化学品的废弃处理

废弃是指弃置不用了。对于没有用完的危险化学品不能随便丢弃，而要采取一定的措施收集、处理。

1. 废物的收集

对于没有使用完的危险化学品不能随意丢弃，否则可能会引发意外事故。如往下水道倒液化气残液，遇到火星会发生爆炸等。正确的方法是要按照化学品的特性及企业的规定对其进行分类收集。

剧毒品用完之后，留下的包装物必须严加管理，使用部门应登记造册，指定专人交物资回收部门，由专人负责管理。

2. 危险化学品的处理

对于不可回收的废弃物，由有资质的公司进行处理。或使用部门自行处理达标后把化学废液排放至污水处理站。

企业对危险化学品的废弃处理要遵守国家法律规定，如《危险化学品安全管理条例》第二条明确规定，废弃危险化学品的处置，依照有关环境保护的法律、行政法规和国家有关规定执行。

讲师提醒

【精益范本】▶▶

危险化学品废弃物处置记录

名称		数量	
废弃来源		存放处	
废弃原因			
废弃处置过程			
处置结果			
处置相关人员		时间	
审核人		时间	

五、危险化学品作业劳动保护

劳动保护是指为保护劳动者在搬运、装卸、储存、使用化学危险品的过程中的安全和健康所采取的管理、技术、组织措施。

1. 必须有安全标志

对危险化学品废弃物容器、包装物，储存、运输、处置危险化学品废弃物的场所、设施，必须设置危险废弃物识别标志；对不宜挂贴安全标志的系统，如管道、反应器、储罐等装置和设施，应采用颜色或其他标志方式警示其危险性。

其张贴形式可根据作业场所而定，如可张贴在墙上、装置或容器上，也可单独立牌。安全标志印刷应清晰，所用的材料要耐用和防水。

2. 无条件使用劳保设施

在现场生产过程中，劳动防护用品是作业人员的最后一道防线，使用劳动防护用品，能够通过阻隔、封闭、吸收、分散、悬浮等措施，起到保护员工身体的局部或全部免受外来不利因素侵害的作用，在一定条件下，使用个人防护用品是主要的防护措施。对于危险化学品而言，国家对作业人员安全防护在制度上提出了几点要求，如图7-18所示。

 接触毒害品人员作业中不得饮食，并应佩戴手套和相应防毒口罩或面具，穿防护服。每次作业完毕应及时清洗面部、手部并漱口

 接触易燃易爆化学品人员应佩戴手套、口罩并穿防静电工作服等必备防护用具，不得使用能产生火花的工具，禁止穿带钉鞋。操作中防止摩擦和撞击，桶装各种氧化剂不得在水泥地面滚动

 接触腐蚀品人员应穿戴工作服、护目镜、橡胶手套、橡胶围裙等必需的防护用具（图7-19）。操作时严禁背负、肩扛，防止摩擦、震动、撞击

图 7-18　危险化学品的使用要求

图 7-19　穿戴防护服

六、危险化学品事故的处理

突然发生的危险化学品紧急事故是指在短时间内有毒化学品泄漏到环境中，造成环境严重污染，人群健康受到严重威胁的事故。

1. 制定危险化学品事故应急预案

危险化学品事故的发生往往会给企业带来严重的损失，因此，有必要制定应急预案，以便在事故发生时按照预案迅速开展应急处理工作。

讲师提醒

　　企业应预先制定危险化学品事故应急预案，以便事故发生时能够熟练处理。《危险化学品安全管理条例》第七十条明确规定，危险化学品单位应当制定本单位危险化学品事故应急预案，配备应急救援人员和必要的应急救援器材、设备，并定期组织应急救援演练。

2. 危险化学品事故的报告

　　（1）设立危险化学品安全委员会。企业要设立危险化学品安全委员会，全面负责危险化学品事故的处理工作。

　　（2）事故报告的程序。事故报告的程序如图7-20所示。

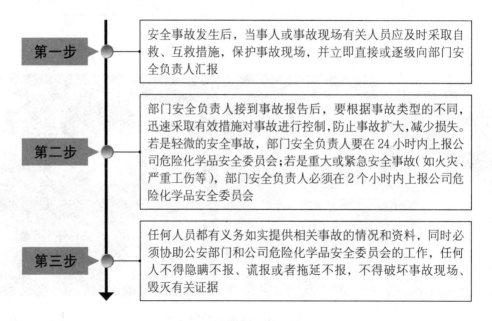

第一步　安全事故发生后，当事人或事故现场有关人员应及时采取自救、互救措施，保护事故现场，并立即直接或逐级向部门安全负责人汇报

第二步　部门安全负责人接到事故报告后，要根据事故类型的不同，迅速采取有效措施对事故进行控制，防止事故扩大，减少损失。若是轻微的安全事故，部门安全负责人要在24小时内上报公司危险化学品安全委员会；若是重大或紧急安全事故（如火灾、严重工伤等），部门安全负责人必须在2个小时内上报公司危险化学品安全委员会

第三步　任何人员都有义务如实提供相关事故的情况和资料，同时必须协助公安部门和公司危险化学品安全委员会的工作，任何人不得隐瞒不报、谎报或者拖延不报，不得破坏事故现场、毁灭有关证据

图7-20　事故报告的程序

　　（3）事故报告的内容。事故报告的内容如图7-21所示。

事故发生的时间、地点及事故现场情况 → 事故的详细经过、损害人数和直接经济损失的初步估计 → 事故原因的初步分析 → 事故发生后采取的措施 → 事故报告人及时间

图7-21　事故报告的内容

3. 事故的应急处理

（1）隔离、疏散。隔离、疏散的具体措施如图7-22所示。

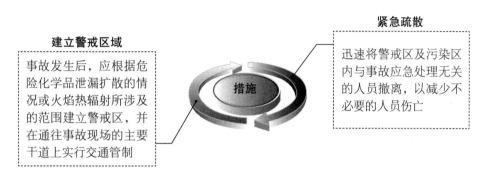

建立警戒区域
事故发生后，应根据危险化学品泄漏扩散的情况或火焰热辐射所涉及的范围建立警戒区，并在通往事故现场的主要干道上实行交通管制

紧急疏散
迅速将警戒区及污染区内与事故应急处理无关的人员撤离，以减少不必要的人员伤亡

措施

图7-22　隔离、疏散的具体措施

（2）安全防护。根据事故物质的毒性及划定的危险区域，确定相应的防护等级，并根据防护等级按标准配备相应的防护器具。

（3）现场急救。在事故现场，危险化学品对人体可能造成的伤害为：中毒、窒息、冻伤、化学灼伤、烧伤等。进行急救时，无论患者还是救援人员都需要进行适当的防护。

4. 火灾的处理

如果发生火灾，应分三个步骤处理，如图7-23所示。

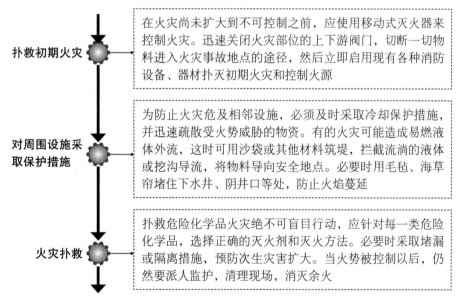

扑救初期火灾
在火灾尚未扩大到不可控制之前，应使用移动式灭火器来控制火灾。迅速关闭火灾部位的上下游阀门，切断一切物料进入火灾事故地点的途径，然后立即启用现有各种消防设备、器材扑灭初期火灾和控制火源

对周围设施采取保护措施
为防止火灾危及相邻设施，必须及时采取冷却保护措施，并迅速疏散受火势威胁的物资。有的火灾可能造成易燃液体外流，这时可用沙袋或其他材料筑堤，拦截流淌的液体或挖沟导流，将物料导向安全地点。必要时用毛毡、海草帘堵住下水井、阴井口等处，防止火焰蔓延

火灾扑救
扑救危险化学品火灾绝不可盲目行动，应针对每一类危险化学品，选择正确的灭火剂和灭火方法。必要时采取堵漏或隔离措施，预防次生灾害扩大。当火势被控制以后，仍然要派人监护，清理现场，消灭余火

图7-23　火灾的处理

5. 几种特殊危险化学品的火灾扑救注意事项

对于几种特殊危险化学品的火灾扑救应注意图7-24所示事项。

事项一 扑救液化气体类火灾，切忌盲目扑灭火势，在没有采取堵漏措施的情况下，必须保持稳定燃烧。否则，大量可燃气体泄漏出来与空气混合，遇着火源就会发生爆炸，后果将不堪设想

事项二 对于爆炸物品火灾，切忌用沙土盖压，以免增强爆炸物品爆炸时的威力；扑救爆炸物品堆垛火灾时，水流应采用吊射，避免强力水流直接冲击堆垛，以免堆垛倒塌引起再次爆炸

事项三 对于遇湿易燃物品火灾，绝对禁止用水、泡沫、酸碱等湿性灭火剂扑救

事项四 氧化剂和有机过氧化物的灭火比较复杂，应针对具体物质具体分析

事项五 扑救毒害品和腐蚀品的火灾时，应尽量使用低压水流或雾状水，避免腐蚀品、毒害品溅出；遇酸类或碱类腐蚀品，最好调制相应的中和剂稀释中和

事项六 易燃固体、自燃物品引发火灾一般都可用水和泡沫扑救，只要控制住燃烧范围，逐步扑灭即可。但有少数易燃固体、自燃物品火灾的扑救方法比较特殊。如2,4-二硝基苯甲醚、二硝基萘、萘等是易升华的易燃固体，受热放出易燃蒸气，能与空气形成爆炸性混合物，尤其在室内，易发生爆燃，在扑救过程中应不时向燃烧区域上空及周围喷射雾状水，并消除周围一切火源

图7-24　几种特殊危险化学品的火灾扑救注意事项

发生危险化学品火灾时，灭火人员不应单独灭火，出口应始终保持清洁和畅通，要选择正确的灭火剂，灭火时还应考虑人员的安全。

讲师提醒

184

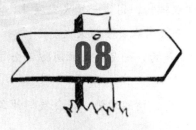

第八章
消防安全管理

情景导入

学员们早就知道这堂课要讲"消防安全管理"，想着杨老师一定会背着灭火器、消火栓来到教室，可是，这一次，杨老师只带着笔记本电脑进来。

"上课之前，我们先看看视频吧！"杨老师仍一如既往地微笑着说。

总共有三个视频：

（1）某工厂人员在熊熊燃烧的火场外围叹息、流泪；

（2）灭火器、消火栓的使用培训，教官在认真地教导，员工们在一丝不苟地学习；

（3）厂区内的消防演习有序地进行，各部门、各岗位员工紧张地从火场撤退、抢救人、抢救物资。

学员们看得很投入，有的学员在心里盘算着以后回到公司里也要组织进行消防演习，可是怎么能有序地进行组织呢？

杨老师看出了大家的疑惑："火灾非常无情，但是有计划的演练有助于安全地撤离！当然，这不是一个人的力量能够达到的。必须首先要在企业内建立一个消防安全管理机构，因为一旦火灾发生，消防安全管理机构就能够迅速承担起灭火的工作，组织全公司人员参与灭火。"

"是的，一定要设立消防安全管理机构，它的作用不仅仅发挥在救火时！"小张插嘴了。

"嗯，请继续讲，还会发挥什么作用呢？"杨老师赞许地看着小张，鼓励他继续讲下去。

"消防安全的管理范围很大，包括消防安全宣传与培训、消防值班、消防安全巡查、现场用火安全管理、消防器材管理、应急演练的组织等。"小张如数家珍，其他学员们用称美的眼光看着他。

"你说得对，看来你公司做得好，我所要讲的内容也基本就是这些，不过你有实践经验，课下大家可以在一起多交流公司的实际做法。"杨老师结束了小张的话，开始讲如何进行精益化消防安全管理。

第一节　企业火灾的预防

火灾会给企业造成严重损失，还会危及员工的生命，因此做好消防安全管理十分重要。企业的火灾预防，主要是通过实施多种管理措施来减少因人为的错误而造成的事故；企业单位的火灾控制，主要是通过安装一系列保护设备来减轻已经发生的事故所造成的后果。在企业中，从基层员工到高层管理人员，都应当严格按照相关要求做好消防安全管理工作，全面保障消防安全，杜绝火灾的发生。

一、加强消防安全宣传与培训

1. 消防培训的要求

（1）对员工的消防安全培训应当制度化，可通过新员工上岗前培训、单位"三级安全教育"、员工岗位安全教育等形式对全体员工进行消防法规、消防知识的教育与培训，同时因地制宜地对员工进行消防报警、灭火设备和灭火器材使用技能训练，做到每个员工都能了解有关消防法规，能用自己掌握的消防知识保护自己、保护他人与企业的财产，并能做到熟练使用配备在岗位周围的消防器材与装备。

（2）应组建企业义务消防队并利用业余时间进行正规的业务训练，训练时间应列入加班时间，应支付相应的报酬。

（3）特殊工种人员、重点岗位工种人员必须接受专业的、定期的培训。

（4）聘请有经验的消防专职人员或政府消防部门的人员授课。

2. 消防安全宣传与培训的方式

消防安全宣传与培训由消防安全管理人员负责组织，根据不同季节、节假日的特点，结合各种火灾事故案例，利用张贴图画、消防刊物、视频、网络、举办消防文化活动等各种形式，宣传防火、灭火和应急逃生等常识，使员工提高消防安全意识和自防自救能力（图8-1～图8-3）。

图 8-1　消防安全知识宣传栏

图8-2 消防安全培训

图8-3 消防演练

二、制定紧急应变方案

企业应制定相应的应急行动详细计划（或较紧急疏散计划）。对员工进行消防培训时，要求：

（1）员工熟悉自己所处的位置和周围环境，作业现场要有明显的逃生路线的指示（图8-4）、紧急出口的标志和应急照明设备；

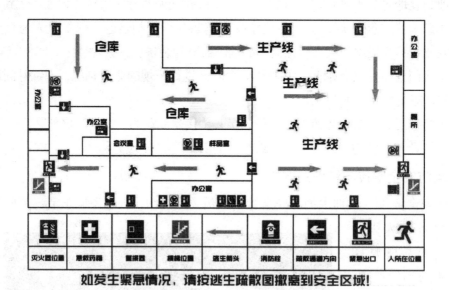

图8-4 消防逃生疏散图

（2）对员工按区域进行正确的编组，事先安排、具体分工，其花名册应存放在指定的紧急疏散集合点，便于点名时使用；

（3）要组织义务消防队、应急抢救分队，以及以公用动力、设备维修部门员工为主体的其他应急分队；

（4）在厂区应设立若干个醒目的紧急疏散集合点，便于就地疏散、集中清点，召集人应佩有专门的标识；

（5）企业整体或分区域，每年定期进行应急演练；

（6）有紧急广播系统的企业应每年进行定期测试。

三、实行动火许可制度

企业主管部门应设置统一格式的一至三级动火许可证（表8-1～表8-3），凡需要动用明火作业的应制定动火作业方案，实行按级动火申请，并按级由安全责任人批准签发"动用明火许可证"（表8-4）；而且动火时间、地点、内容、人员必须相符合；禁止在有火灾和爆炸危险的场所进行明火作业，如必须动火的，要彻底排除危险因素并视情况通知消防部门到现场检查监护；所有动用明火作业必须按劳动部门规定的"十不烧"原则做到技防与人防相结合。

表 8-1　一级动火许可证

单位名称		工程名称		
动火须知		动火部位		
1.油罐、油箱、油槽车和储存过可燃气体、易燃液体的容器以及连接在一起的辅助设备；各种受压设备；危险性较大的登高焊、割作业场所；比较密封的室内、容器内、地下室等场所进行动火作业，均属一级动火 2.一级动火申请应在一周前提出，批准最长期限为一天，期满应重新办证，否则视作无证动火 3.一级动火作业由所在单位主管防火工作的负责人填写，并附上安全技术措施方案，报上一级主管及所在地区消防部门审查，经批准后方可动火 4.本表一式三联：第一联交动火人、第二联交动火监护人、第三联留存待查		动火时间		月　日　时　分至　月　日　时　分
		防火措施	1.编制动火安全技术措施方案（附上方案附件） 2.焊工必须持有效证件上岗，正确使用劳动防护用品；作业时必须遵守"十不烧"原则 3.操作前检查焊割设备、工具是否完好，电源线有无破损，各类保护装置是否齐全有效 4.清除明火点周围的可燃物品，按要求配备灭火器，有专人进行监护	
焊工姓名		监护人姓名		
申请动火人签名： 日期：20　年　月　日		防火负责人签名： （地区消防部门） 日期：20　年　月　日		

表 8-2　二级动火许可证

单位名称		工程名称							
动火须知		动火部位							
1. 在具有一定危险因素的非禁火区域内进行临时焊割等动火作业；登高焊、割等动火作业均属二级动火作业 2. 二级动火申请应在作业四天前提出，批准最长期限为三天，期满应重新办证，否则视作无证动火 3. 二级动火作业由所在项目防火工作负责人填写，并附上安全技术措施方案，报本单位主管部门审批，经批准后方可动火 4. 本表一式三联：第一联交动火人、第二联交动火监护人、第三联留存待查		动火时间		月　日　时　分至　月　日　时　分					
		防火措施	1. 编制动火安全技术措施方案(附上方案附件) 2. 焊工必须持有效证件上岗，正确使用劳动防护用品；作业时必须遵守"十不烧"原则 3. 操作前检查焊割设备、工具是否完好，电源线有无破损，各类保护装置是否齐全有效 4. 清除明火点周围的可燃物品，按要求配备灭火器，有专人进行监护						
焊工姓名		监护人姓名							
申请动火人签名： 日期：20　年　月　日		防火负责人签名： （企业安全消防部门） 日期：20　年　月　日							

表 8-3　三级动火许可证

单位名称		工程名称							
动火须知		动火部位							
1. 在非固定的、无明显危险因素的场所进行动火作业均属三级动火 2. 三级动火申请应在作业三天前提出，批准最长期限为七天，期满应重新办证，否则视作无证动火 3. 三级动火作业由所在班组填写，经项目防火负责人审查批准，方可动火 4. 本表一式三联：第一联交动火人、第二联交动火监护人、第三联留存待查		动火时间		月　日　时　分至　月　日　时　分					
		防火措施	1. 焊工必须持有效证件上岗，正确使用劳动防护用品；作业时必须遵守"十不烧"原则 2. 操作前检查焊割设备、工具是否完好，电源线有无破损，各类保护装置是否齐全有效 3. 清除明火点周围的可燃物品，按要求配备灭火器，有专人进行监护						
焊工姓名		监护人姓名							
申请动火人签名： 日期：20　年　月　日		防火负责人签名： （项目防火负责人） 日期：20　年　月　日							

表 8-4　动用明火许可证

申请单位				申请单位		操作人	
用　途				用　途		监护人	
用火地点				用火地点		动火时间	年　月　日　时至　时
操作人		监护人		消防措施	1.5米以内易燃物清理干净,5级风以上(含5级)天气应停止室外动火作业 2.配备足够的灭火器材,监护人员应现场实施监控 3.当日施工结束后,应检查作业面是否残留余火,并关闭电源、阀门 4.严格执行"动火安全管理规定" 5.动火期间应通知安全事务部监护人,联系电话:		
施工单位负责人							
联系电话							
安全部门监护人							
动火时间		年 月 日 时至 时					
备注				经审核,同意在约定时间内进行动火作业。 本《动用明火许可证》仅限当日有效。 　　　　　　安全部经理签字:			

四、加强对吸烟的管理

企业应建立控制吸烟的制度,使企业员工和外来人员(包括供应商、来访者)都清楚并遵守规则;要建立吸烟区(明确禁止吸烟的企业除外),吸烟区要确保无火灾危险,要有明显的"吸烟区"标志;要有足够的"禁止吸烟"示意牌;配置烟灰缸(盒)并放置"吸烟有害健康"的标牌;要加强对流动吸烟者的控制,主管部门要加强巡查,对违反者应按照规定进行处罚。

五、用电安全管理

企业应制定安全用电规定:

(1)专业部门应经常对电气设备及线路状况进行检查,同时定期进行红外线成像监测,以发现热点及其他故障并及时修复;

(2)对已老化的电气线路应及时更换;

(3)对违章用电(如乱拉线、不按规定用电加热器等)应及时纠正;

(4)临时用电要办理申请;

（5）对于车间、工段、办公室，下班以后都应有人对安全用电情况进行检查，不留隐患。

六、加强对化学品及易燃易爆物品的管理

（1）企业应加强化学品管理，存放化学品的场所要有足够的消防设施。

（2）应设立专门标准的化学品仓库并实行分类、分级、编号管理。

（3）对化学品应有明显标签，能使使用者在最短的时间内注意到它的危险，以便采取合适措施。

（4）要严格控制危险化学品的存储量，要经常检查容器是否泄漏并及时解决。

（5）库房内应设有"严禁火种"标志，使用防爆电气并留出足够的安全通道。

（6）如部分区域需存放少量危险化学品，应按危险等级储存在防爆箱中。

（7）要注意从仓库领用危险化学品至生产区域途中的运输安全。

（8）操作人员必须经过专门培训并持证上岗。

七、坚持定期消防安全巡查

企业的消防主管部门要制定巡查制度和巡查清单（台账）以保证消防管理的有效性；巡查至少每月进行一次，它与每日的日常维护保养、安全检查、节日或重大任务的检查是有区别的。

1. 消防安全巡查的频次

消防安全巡查应定期展开，各岗位应每天进行一次，填写"每日消防巡查（夜查）记录表"；各部门应每周进行一次，填写"每周消防巡查情况记录表"；部门应每月进行一次，填写"每月消防巡查情况记录表"；公司对消防设备检查每季度进行一次，填写"季度消防设施功能检查记录表"。

2. 消防巡查的内容

（1）消防通道、消防水源。

（2）安全疏散通道、楼梯，安全出口及其疏散指示标志、应急照明。

（3）消防安全标志的设置情况。

（4）消防控制室值班情况、消防控制设备运行情况及相关记录。

（5）灭火器材配置及其完好情况。

（6）用火、用电有无违章情况。

（7）建筑消防设施运行情况。

（8）消防安全重点部位的管理。

（9）防火巡查落实情况及其记录。

（10）火灾隐患的整改以及防范措施的落实情况。

（11）易燃易爆危险物品场所防火、防爆和防雷措施的落实情况。

（12）楼板、防火墙和竖井孔洞等重点防火分隔部位的封堵情况。

（13）消防安全重点部位人员及其他员工消防知识的掌握情况。

3. 火灾隐患整改

检查中发现能当场整改的火灾隐患，填写"部门火灾隐患限期整改通知单"并及时上报主管负责人，同时记录存档，对消防器材进行检查并记录，见图8-5。

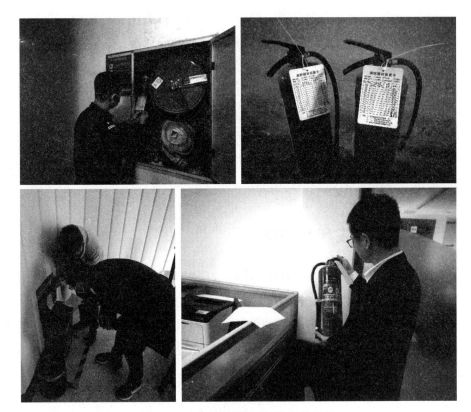

图8-5　对消防器材进行检查并记录

八、加强对供应商（承包商）的管理

对供应商（承包商）的管理措施主要有：

（1）要向供应商（承包商）介绍企业的有关消防管理规定并要求其遵守；

（2）要与供应商（承包商）签订安全、消防、治安管理协议；

（3）供应商（承包商）应佩戴相应标识的胸卡，标明工程地点、有效日期、公司名称等；

（4）要求供应商（承包商）设立专门的消防安全员，负责并督促其员工符合企业的消防要求；

（5）对新建、扩建、改建项目必须做到消防安全同时介入；

（6）对违反企业消防安全规定的供应商有一定的惩戒措施。

九、加强消防制度建设

（1）企业应根据有关消防法规，建立消防安全责任制（包括法人为企业消防安全第一责任人制度、逐级消防安全责任制、岗位责任制等），细化、分解消防责任，建立有效的消防责任网络体系，做到任务明确、职责清楚、责任到人、一级对一级负责。

（2）要根据本企业特点制定消防安全制度，并公布执行。

（3）企业应实行防火委员会（或防火工作领导小组）例会制度，分级按时召开会议，分析、研究、解决消防工作中的问题，履行法律、法规所规定的职责。

（4）企业每年应对消防工作的状况进行考察、评比，并运用行政、经济等手段对消防工作实施奖惩，做到责、权、利统一，调动全体员工做好消防安全工作的积极性，共同为创造一个良好的企业消防安全环境而努力。

十、火灾的早期发现与扑救

（1）装有探测、发现火灾的设备或机械（如烟、温感探测器），以及灭火设备（如喷淋、气体等灭火系统及消防器材）、报警设备必须保持完好。

（2）配备基本的消防设施，并且要做好消防器材的目视化管理，设置的标牌要醒目，并注明其性能和操作方法，做到一目了然；要提高企业专职消防队的整体业务素质，并进行定时、定期的消防巡逻和检查。

（3）要对动火点进行监护。

（4）消防车装备必须满足初期火灾扑救的需要。

（5）要根据企业的特点进行消防训练（特别是应用性项目、重点部位和实地训练），必须使员工具备扑救初期火灾的能力。

（6）消防控制中心必须保持24小时值班，与政府消防部门的通信联络必须得到保证。

（7）所有这些硬件和软件都要确保临警好用，遇事顶用。

第二节　火灾事故应急救援

一、火灾事故应急救援的基本任务

火灾事故应急救援的总目标是通过有效的应急救援行动，尽可能地降低事故的后果，包括人员伤亡、财产损失和环境破坏等。火灾事故应急救援的基本任务有以下几个方面。

1. 营救受害人员

第一项任务是立即组织营救受害人员，组织撤离或者采取其他措施保护危险区域内的其他人员。抢救受害人员是应急救援的首要任务，在应急救援行动中，快速、有序、有效地实施现场急救与安全转送伤员是降低伤亡率、减少事故损失的关键。由于重大事故发生突然、扩散迅速、涉及范围广、危害大，企业应及时教育和组织职工采取各种措施进行自我防护，必要时迅速撤离危险区或可能受到危害的区域。在撤离过程中，应积极组织职工开展自救和互救工作。

2. 迅速控制事态

第二项任务是迅速控制事态，并对火灾事故造成的危害进行检测、监测，测定事故的危害区域、危害性质及危害程度。及时控制住造成火灾事故的危害源是应急救援工作的重要任务，只有及时地控制住危险源，防止事故的继续扩大，才能及时有效地进行救援。发生火灾事故，企业应尽快组织义务消防队与救援人员一起及时控制事态继续发展。

3. 消除危害后果，做好现场恢复

接下来要针对事故对人体、土壤、空气等造成的现实危害和可能的危害，迅速采取封闭、隔离、洗消、检测等措施，防止对人的继续危害和对环境的污染。及时清理废墟和恢复基本设施，将事故现场恢复至相对稳定的基本状态。

4. 查清事故原因，评估危害程度

事故发生后应及时调查事故发生的原因和事故性质，评估出事故的危害范围和危险程度，查明人员伤亡情况，做好事故调查。

二、成立应急小组，落实职能组职责

消防应急小组的建立是为了在消防事故发生时，企业能够迅速组织人手，开展灭

火工作。消防安全管理机构如图8-6所示。其中，消防总指挥一般由企业最高负责人担任，各部门经理、主管组成现场抢救队、运输队等。

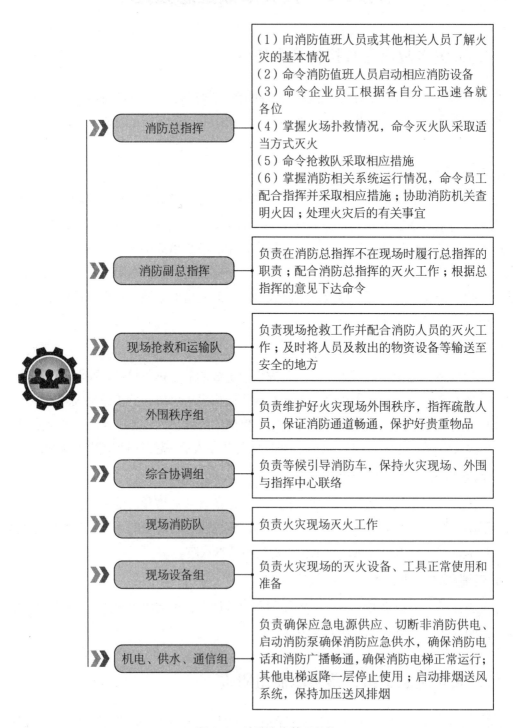

图 8-6 消防安全管理机构

三、火灾事故应急响应步骤

火灾事故应急响应步骤如图8-7所示。

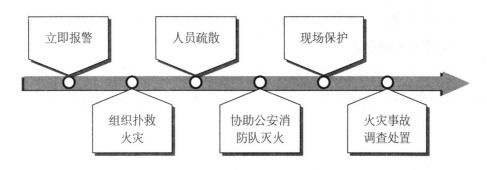

图8-7　火灾事故应急响应步骤

1.立即报警

当接到发生火灾的信息时，应确定火灾的类型和大小，并立即报告防火指挥系统，防火指挥系统启动紧急预案。指挥小组要迅速拨打"119"火警电话，并及时报告上级领导，便于及时扑救、处置火灾事故。

2.组织扑救火灾

当施工现场发生火灾时，应急准备与响应指挥部应及时报警，并要立即组织企业或施工现场义务消防队员和职工进行火灾扑救，义务消防队员选择相应器材进行扑救。扑救火灾时要按照"先控制，后灭火；救人重于救火；先重点，后一般"的灭火原则。派人切断电源，接通消防水泵电源，组织抢救伤亡人员，隔离火灾危险源和重点物资，充分利用现场的消防设施和器材进行灭火。

（1）灭火组：在火灾初期阶段使用灭火器、室内消火栓进行火灾扑救。

（2）疏散组：根据情况确定疏散、逃生通道，指挥撤离，并维持秩序和清点人数。

（3）救护组：根据伤员情况确定急救措施，并协助专业医务人员进行伤员救护。

（4）保卫组：做好现场保护工作，设立警示牌，防止二次火险的发生。

3.人员疏散

人员疏散是减少人员伤亡的关键，也是最彻底的应急响应。应在现场平面布置图上绘制疏散通道，一旦发生火灾等事故，人员可按图示疏散撤离到安全地带。

4.协助公安消防队灭火

联络组拨打119、120求救，并派人到路口接应。当专业消防队到达火灾现场后，火灾应急小组成员要简要向消防队负责人说明火灾情况，并全力协助消防队员灭火，听从专业消防队指挥，齐心协力，共同灭火。

5. 现场保护

当火灾发生时和扑灭后，指挥小组要派人保护好现场，维护好现场秩序，配合事故原因和责任人的调查。同时应立即采取善后工作，及时清理，将火灾造成的垃圾进行分类处理，并采取其他有效措施，使火灾事故对环境造成的污染降低到最低限度。

6. 火灾事故调查处置

按照公司事故、事件调查处理程序规定，对火灾发生情况要及时按"四不放过"原则进行查处。事故后应分析原因，编写调查报告，采取纠正和预防措施，并对预案进行评价与改善。

第九章
职业健康
安全管理

情景导入

杨老师走进教室的时候，学员们正在议论纷纷，有的还处于明显的焦虑、难过状态。

"怎么啦，发生什么事了？"杨老师关切地问。

"小王公司有人从宿舍楼跳下去了，现在躺在医院里。"小张抢着回答。

"唉，我公司有几个员工查出来有职业病，等着我回去处理。"小梁愁眉不展地说，他一方面觉得事情处理麻烦，另一方面心疼那些员工，员工本来工资就不是很高，得了职业病，影响很大。

"心理健康和职业安全的问题现在成了企业的老大难了！这也是我这堂课要跟大家讲的。"杨老师说。

小张："那怎样预防职业病呢？"

杨老师："必须了解职业病的类别，以及导致职业病的各类职业性有害因素，如化学因素、物理因素等，然后采取各项有针对性的措施，如加强职业病责任管理、进行职业病告知、做好劳动保护等，只有综合采取多项措施才能做好这项工作。"

小张："怎样进行劳动保护呢？"

杨老师："首先要配备足够的劳动防护用品，如安全帽、呼吸护具等，同时要做好劳动防护用品的发放和日常维护保养工作等。"

小张："现在员工的心理健康问题越来越严重，怎样进行员工心理健康管理呢？"

杨老师："要了解员工心理不健康的各种表现及其影响因素，然后考虑采取弹性工作制开展员工心理援助计划，进行自杀危机干预等措施。也可以主动出击，进行员工满意度调查，然后从各方面提高员工满意度，这对心理健康管理非常有帮助。"

杨老师滔滔不绝地谈着，学员们全神贯注地听着。

第一节　职业病及各项职业性有害因素

一、了解职业病

1. 职业病的类别

职业病是指企业、事业单位和个体经济组织的劳动者在职业活动中，因接触粉尘、放射性物质和其他有毒、有害物质等因素而引起的疾病。

它包括十大类，如图9-1所示。

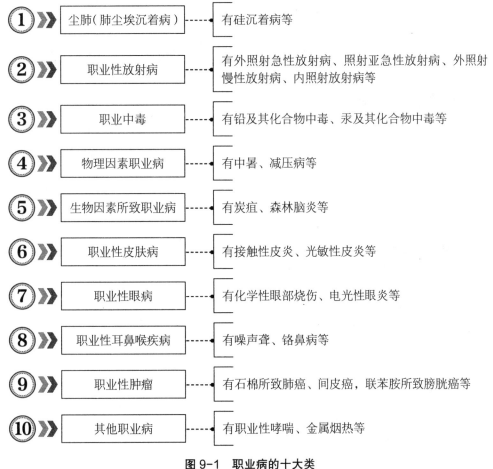

图9-1　职业病的十大类

2.职业病的认定

按照《中华人民共和国职业病防治法》要求，职业病的认定工作应当由省级卫生行政部门批准的医疗卫生机构承担，认定主要包括"四要素"，如图9-2所示。

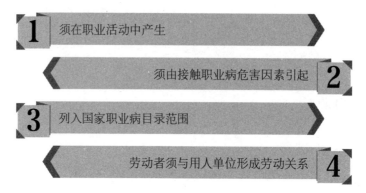

图9-2　职业病认定四要素

二、了解职业性有害因素

职业性有害因素是指对劳动者的健康和劳动能力可能产生危害的职业性因素，是比较容易造成职业病的因素。职业性有害因素类别，具体如下。

1.与生产过程有关的有害因素

（1）化学因素。化学因素是引起职业病最为多见的职业性有害因素，它主要包括生产性毒物和生产性粉尘。生产性毒物是指生产过程中形成或应用的各种对人体有害的物质，具体细分见图9-3。

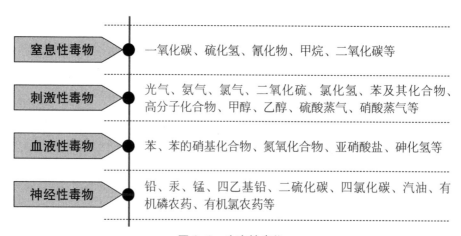

图9-3　生产性毒物

生产性粉尘是指能够较长时间悬浮于空气中的固体微粒，它包括无机性粉尘、有机性粉尘和混合性粉尘三类，具体见图9-4。

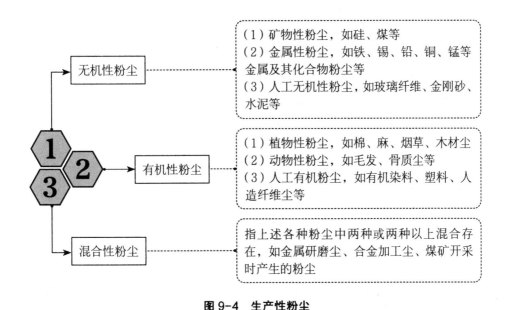

图9-4　生产性粉尘

（2）物理因素。物理因素主要包括如图9-5所示几种。

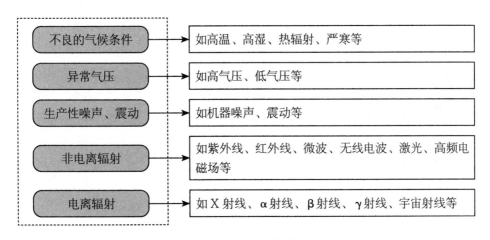

图9-5　物理因素

（3）生物因素。生物因素主要指病原微生物和致病寄生虫，如炭疽杆菌、布氏杆菌、森林脑炎病毒等。

2. 与劳动过程有关的有害因素

与劳动过程有关的有害因素主要有几个方面，如图9-6所示。

1	劳动强度过大或劳动安排与劳动者生理状态不适应
2	劳动组织不合理、劳动时间过长或休息制度不合理
3	长时间处于某种不良体位，长时间重复某一单调动作
4	个别器官或系统过度紧张

图9-6 与劳动过程有关的有害因素

3. 与工作环境有关的有害因素

与工作环境有关的因素，如图9-7所示。

因素一	工作环境设计不符合有关卫生标准和要求，如厂房狭小、厂房建筑及车间布置不合理等
因素二	缺乏必要的卫生技术设施，如缺少通风换气设施、采暖设施、防尘防毒设施、防噪防震设施、防暑降温设施、防射线设施、照明亮度不足等
因素三	安全防护设施不完善，使用个人防护用具方法不当或防护用具本身存在缺陷等

图9-7 与工作环境有关的有害因素

讲师提醒

职业性有害因素对人体造成不良影响，必须具备一定的条件，主要取决于职业性有害因素的强度（数量），人体接触职业性有害因素的时间和程度，以及个体因素、环境因素等几个方面。当职业性有害因素作用于人体并造成人体功能性、器质性病变时，所引起的疾病即为职业病。

第二节 职业病预防责任管理

一、加强职业病预防责任管理

职业病的预防工作需要全体员工的共同努力，尤其是各级主管部门更要履行自己的职责。企业应为他们明确责任，具体如下。

1. 企业最高管理层职业危害防治责任

（1）负责监督企业职业健康具体工作，查处相应的违法、违规、违章行为。

（2）依据企业制定的职业危害防治责任制度，监督检查职业危害防治责任落实情况。

（3）负责监督企业新建、改建、扩建工程项目和技术改造、技术引进项目的职业卫生"三同时"工作。

（4）负责监督企业职业危害因素控制、职业防护设施配置、个体职业防护等工作。

2. 各部门负责人职业危害防治责任

（1）负责建立健全本单位的职业危害防治制度和操作规程，并贯彻执行。

（2）负责建立健全企业的职业卫生档案和职业健康监护档案。

（3）负责本部门有害因素的预防性监测和日常监测工作。

（4）负责对本部门作业场所进行一次职业危害因素检测、每3年进行一次职业危害现状评价工作。

（5）负责督促本部门接触有害因素人员按时完成各项健康体检。

（6）负责做好本部门新建、改建、扩建工程项目和技术改造、技术引进项目的职业卫生"三同时"工作。

（7）负责本部门职业危害因素控制、职业防护设施配置、个体职业防护等工作。

3. 专（兼）职职业危害防治人员责任

（1）负责本部门职业健康管理工作，及时发现问题，提出治理措施与办法。

（2）负责制定完善本部门职业危害防治规章制度、职业健康操作规程及职业危害事故应急救援预案，并监督执行。

（3）负责日常职业危害防治工作的宣传教育培训和职业危害事故的调查、统计、上报及建档等工作。

4. 从业人员职业危害防治责任

（1）参加职业危害防治教育培训和活动，学习职业危害防治技术知识，遵守各项职业危害防治规章制度和操作规程，发现隐患及时报告。

（2）正确使用、保管各种防护用品、器具和防护设施。

（3）不违章作业，并制止他人违章作业行为，对违章指挥有权拒绝执行，并及时向单位领导、主管部门报告。

（4）当工作场所有发生职业危害事故的危险时，应立即停止作业，并向单位领导、主管部门报告。

二、职业危害告知

1. 岗前告知

企业负责招聘的部门与新进企业的从业人员签订劳动合同前，应将工作过程中可能产生的职业危害及其后果、职业病防护措施和待遇等如实告知从业人员，从业人员同意签订劳动合同后，还要在劳动合同中写明。

从业人员因工作岗位或者工作内容变更，从事与所订立劳动合同中未告知的存在职业危害的作业时，由企业各部门负责人向员工如实告知现从事的工作岗位、工作内容所产生的职业危害因素，从业人员同意后，要再签订补充合同。

2. 作业场所告知

企业各部门负责人要在企业醒目位置设置公告栏并负责维护，公布职业病危害事故应急救援措施和工作场所职业病危害因素检测、监测结果等。

企业生产部门负责在职业危害严重的作业岗位的醒目位置设置警示标识和中文警示说明，对作业人员进行告知。警示说明应当载明产生职业病危害的种类、后果、预防以及应急救治措施等内容。职业危害告知牌如图9-8所示。

企业人力资源部门负责每年对员工进行职业病危害预防控制的培训、考核，使每位员工都掌握职业病危害因素的预防和控制技能。

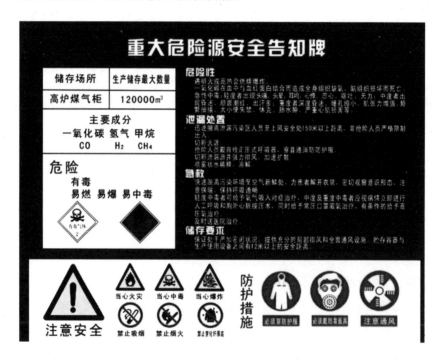

图9-8 职业危害告知牌

三、加强劳动保护

1. 劳动防护用品的配备

在预防职业危害的综合措施中，劳保用品属于第一级预防部分，当劳动条件尚不能从设备上改善时，其还是主要的防护手段。在某些情况下，如发生中毒事故或设备检修时，合理使用劳保用品，可起到重要的防护作用。

劳动防护用品按照防护部位分为十类，如图9-9所示。相关现场图可参考图9-10 ~ 图9-12。

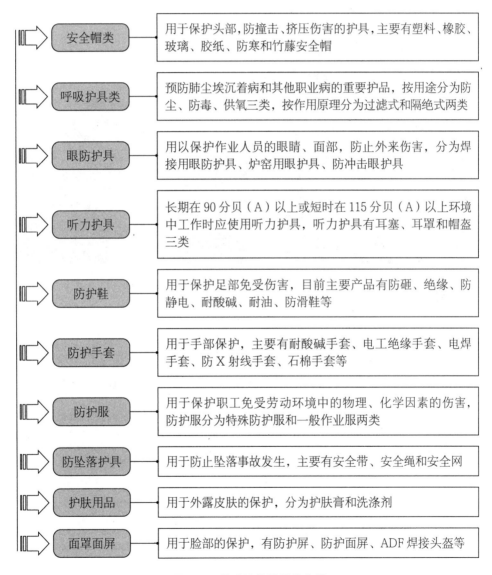

安全帽类	用于保护头部,防撞击、挤压伤害的护具,主要有塑料、橡胶、玻璃、胶纸、防寒和竹藤安全帽
呼吸护具类	预防肺尘埃沉着病和其他职业病的重要护品,按用途分为防尘、防毒、供氧三类,按作用原理分为过滤式和隔绝式两类
眼防护具	用以保护作业人员的眼睛、面部,防止外来伤害,分为焊接用眼防护具、炉窑用眼护具、防冲击眼护具
听力护具	长期在90分贝（A）以上或短时在115分贝（A）以上环境中工作时应使用听力护具,听力护具有耳塞、耳罩和帽盔三类
防护鞋	用于保护足部免受伤害,目前主要产品有防砸、绝缘、防静电、耐酸碱、耐油、防滑鞋等
防护手套	用于手部保护,主要有耐酸碱手套、电工绝缘手套、电焊手套、防X射线手套、石棉手套等
防护服	用于保护职工免受劳动环境中的物理、化学因素的伤害,防护服分为特殊防护服和一般作业服两类
防坠落护具	用于防止坠落事故发生,主要有安全带、安全绳和安全网
护肤用品	用于外露皮肤的保护,分为护肤膏和洗涤剂
面罩面屏	用于脸部的保护,有防护屏、防护面屏、ADF焊接头盔等

图 9-9　劳动防护用品的分类

图 9-10 劳动防护用品佩戴提示

图 9-11 劳动防护用品使用宣传

图 9-12 劳动防护用品佩戴说明

2. 劳动防护用品的发放

（1）有如图9-13所示情况之一的，企业应该提供给作业人员工作服或者围裙，并且根据需要分别提供工作帽、口罩、手套、护腿和鞋盖等防护用品。

1 有灼伤、烫伤或者容易发生机械外伤等危险的操作

2 在强烈辐射热或者低温条件下的操作

3 散放毒性、刺激性、感染性物质或者大量粉尘的操作

4 经常使衣服腐蚀、潮湿或者特别肮脏的操作

图 9-13 需供给防护用品的情况

（2）在有危害健康的气体或者粉尘的场所操作的人员，应该由企业分别供给适用的口罩、防护眼镜和防毒面具等。

（3）工作中产生有毒的粉尘和烟气，可能伤害口腔、鼻腔、眼睛、皮肤的，应该由企业分别供给作业人员漱洗药水或者防护药膏。

（4）在有噪声、强光、辐射热和飞溅火花、碎片、刨屑的场所操作的人员，应该由企业分别供给护耳器、防护眼镜、面具和帽盔等。

（5）经常站在有水或者其他液体的地面上操作的人员，应该由企业供给防水靴或者防水鞋等。

（6）高空作业人员，应该由企业供给安全带。

（7）电气操作人员，应该由企业按照需要分别供给绝缘靴、绝缘手套等。

（8）经常在露天工作的人员，应该由企业供给防晒、防雨的用具。

（9）在寒冷气候中必须露天进行工作的人员，应该由企业根据需要供给御寒用品。

（10）在有传染疾病危险的生产部门中，应该由企业供给员工洗手用的消毒剂，所有工具、工作服和防护用品，必须由企业负责定期消毒。

（11）产生大量一氧化碳等有毒气体的企业，应该备有防毒救护用具，必要的时候应该设立防毒救护站。

3. 加强防护用品的管理和维护保养

防护用品的管理和维护保养应注意五点内容，如图9-14所示。

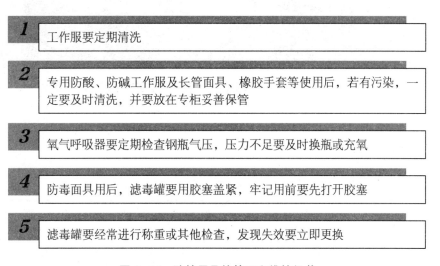

1　工作服要定期清洗

2　专用防酸、防碱工作服及长管面具、橡胶手套等使用后，若有污染，一定要及时清洗，并要放在专柜妥善保管

3　氧气呼吸器要定期检查钢瓶气压，压力不足要及时换瓶或充氧

4　防毒面具用后，滤毒罐要用胶塞盖紧，牢记用前要先打开胶塞

5　滤毒罐要经常进行称重或其他检查，发现失效要立即更换

图9-14　防护用品的管理和维护保养

4. 合理使用个体防护用品

员工应合理使用个体防护用品，应注意如图9-15所示的几点事项。

事项一	个体防护用品有防护口罩、防毒面具、耳塞、耳罩、防护眼镜、手套、围裙、防护鞋等
事项二	合理、正确地使用防护用品非常重要，特别是在抢修设备等操作时，更要注意防护
事项三	在接触容易经皮肤吸收的毒物或酸、碱等化学物品的场所，要注意皮肤的防护，如穿防酸、防碱工作服，戴橡胶手套等
事项四	在噪声操作场所，从隔声间出来到现场巡回检查时应及时佩戴耳塞或耳罩
事项五	在有毒有害的岗位上，上班时应按规定穿工作服，在有特别要求的岗位上，应随身携带防毒面具，以备一旦发生意外泄漏毒物事故时，可立即佩戴防毒面具

图 9-15　合理使用个体防护用品

劳动防护用品的作用、使用方法及不正确使用的危害讲解如图9-16所示。

图 9-16　劳保防护用品的作用、使用方法及不正确使用的危害讲解

四、加强卫生管理

企业要加强卫生管理，主要从几个方面入手，如图9-17所示。

 企业要大力普及卫生知识。要使企业的所有员工了解职业性有害物质的产生、发散特点和对人体的危害及紧急情况的急救措施；要使员工养成良好的卫生习惯，如饭前洗手、车间内不吃东西、工作服定点存放及定期清洗等，防止有害物质从口腔、皮肤等处进入人体

 要求员工做到班后洗澡、更衣；饭前洗手；不在工作环境中饮食；改变不卫生的习惯和行为，如戒烟；平时劳逸结合，合理营养；加强锻炼，增强体质等

对生产环境中的粉尘、毒物等有害因素，应根据国家的规定设定监测点，定期进行测定。当测试人员进行现场测定时，相关人员应很好配合，使测定结果能客观地反映工作环境的实际情况，避免出现误差或假象。把尘毒和有害因素的测定结果定期在岗位上挂牌公布。当测定结果超过国家卫生标准时，应及时查找原因，针对原因及时处理

图 9-17　加强卫生管理

五、职业危害检查和隐患整改

1. 检查方式

职业危害检查方式包括日常检查、定期检查、专项检查，具体如图9-18所示。

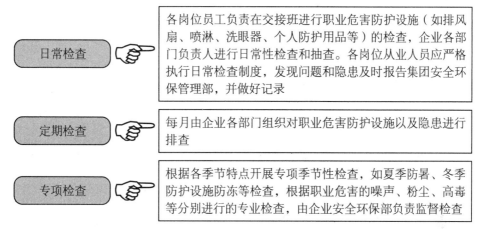

图 9-18　职业危害检查方式

2. 隐患整改

企业各部门要对职业危害管理制度、现场环境、警示标识、防护设施、个体防护用品每月检查一次，并做好检查记录。企业生产部门负责对产生职业危害的工艺、技术、设备每季度进行一次普查，并向本单位负责人汇报。企业各部门要在隐患整改期限内进行跟踪复查。隐患整改由企业各部门负责复查、验收，并专门记录。

六、职业危害申报

企业应在有资质的职业健康中介服务机构检测后，每3年进行一次申报，申报时提交"职业病危害项目申报表"，按要求向企业所在地的安全生产监督管理局申请审查，审查通过后，申报材料在综合部进行备案存档，存档时间为5年。

企业有如图9-19所示事项发生重大变化时，应向企业所在地的安全生产监督管理

局申请变更并完成申报。

1 新建、改建、扩建、技术改造和技术引进的，在建设项目竣工验收之日起30日内进行申报

2 因技术、工艺或者材料发生变化导致原申报的职业危害因素及其相关内容发生重大变化的，在技术、工艺或者材料发生变化之日起15日内进行申报

3 企业终止生产经营活动的，应当在生产经营活动终止之日起15日内报告并办理相关手续

图9-19　需要申报的变化事项

讲师提醒　　企业应及时进行职业危害申报。《中华人民共和国职业病防治法》第十六条规定，国家建立职业病危害项目申报制度。用人单位工作场所存在职业病目录所列职业病的危害因素的，应当及时、如实向所在地卫生行政部门申报危害项目，接受监督。

七、职业健康检查

企业应定期开展员工职业健康检查工作，检查工作相关事项具体如图9-20所示。

事项一 ⟩ 企业要对接触职业病危害因素的作业人员进行上岗前、在岗期间、离岗时身体检查以及特殊作业体检，不得安排未进行体检人员从事接触职业危害因素的作业

事项二 ⟩ 企业应根据新招聘及调换工种人员的职业健康检查结果安排其相应工作

事项三 ⟩ 企业要将体检结果如实告知从业人员，对需要复查和医学观察的劳动者，应当按照体检机构要求的时间，安排其复查和医学观察；对疑似职业病的应当向各单位所在地的安全生产监督管理局报告，并按照体检机构的要求安排其进行职业病诊断或者医学观察

事项四 ⟩ 企业要做好从业人员离岗时职业健康检查，对未进行离岗时职业健康检查的从业人员，不得解除或终止与其订立的劳动合同

事项五 ⟩ 在发生职业危害事故时，企业要组织职业危害事故中、事故后可能受到职业危害以及参加应急救援人员的应急职业健康检查

事项六 ⟩ 在发生严重职业病危害情况时，部门负责人要报告企业负责人和企业所在地的安全生产监督管理局，准确提供有关情况，并配合做好救援救护及调查工作

图9-20　职业健康检查事项

第三节　员工心理健康管理

随着社会经济的发展，在激烈的社会竞争和繁重的工作压力下，许多员工的心理健康水平逐渐下降，心理亚健康和不健康的状况越来越明显，压抑、抑郁、焦虑、烦躁、苦闷、不满、失眠、恐惧、无助、痛苦等不良心理反应层出不穷，员工的心理健康问题已成为企业亟待解决的问题。

一、员工心理不健康的表现

员工心理不健康的表现，具体如图9-21所示。

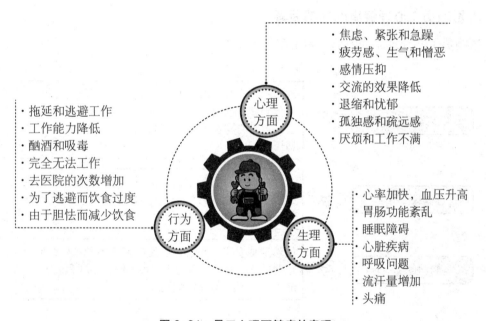

- 拖延和逃避工作
- 工作能力降低
- 酗酒和吸毒
- 完全无法工作
- 去医院的次数增加
- 为了逃避而饮食过度
- 由于胆怯而减少饮食

心理方面
- 焦虑、紧张和急躁
- 疲劳感、生气和憎恶
- 感情压抑
- 交流的效果降低
- 退缩和忧郁
- 孤独感和疏远感
- 厌烦和工作不满

行为方面

生理方面
- 心率加快，血压升高
- 胃肠功能紊乱
- 睡眠障碍
- 心脏疾病
- 呼吸问题
- 流汗量增加
- 头痛

图9-21　员工心理不健康的表现

二、员工心理不健康的常见原因

1. 影响员工心理健康的外部因素

影响员工心理健康的外部因素具体如图9-22所示。

工作环境：工作环境指能够影响员工的心理、态度、行为以及工作效率的各种因素的综合，划分为硬环境和软环境两部分。其中硬环境包括工作所在地、建筑设计、室内空气等外在客观条件；软环境包括企业文化、工作气氛、员工的个人素养等

工资福利：工资是每个员工都十分关心的问题，它直接影响着员工的工作态度、工作积极性和心理感受

意外事故：质量事故、安全生产事故，以及婚姻家庭破裂、长辈的逝世、贵重物品被盗、比赛、考试等突发事件，都会给员工带来一定的心理冲击，由此也容易导致员工的不良心理状态

社会因素：人际关系的质量和数量、身份认同和社会角色的认同，对员工心理健康都有较大的影响

图 9-22　影响员工心理健康的外部因素

2. 影响员工心理健康的内部因素

影响员工心理健康的内部因素主要如图9-23所示。

个人晋升需求不满足：许多员工在某一岗位工作了许多年，工作内容单一，不但自己的优势得不到发挥，而且得不到晋升的机会，自己的需求得不到满足，常常产生抱怨心理，心情压抑

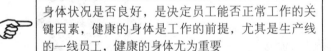
身体状况不佳：身体状况是否良好，是决定员工能否正常工作的关键因素，健康的身体是工作的前提，尤其是生产线的一线员工，健康的身体尤为重要

自我强度不够：虽然造成员工出现心理问题的因素多种多样，但更重要的是个体的自我心理强度不够，心理素质欠佳，缺乏对心理健康的有效维护

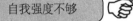
图 9-23　影响员工心理健康的内部因素

心理学研究表明，心理健康程度与压力成反比，与自我心理强度，即个体对压力的承受能力成正比。

讲师提醒

三、员工心理不健康的解决措施

1. 实行弹性工作制

弹性工作制是指在完成规定的工作任务或固定的工作时间长度的前提下，员工可以灵活地、自主地选择工作的具体时间安排。通过工作方式的变化减少员工压力。时间紧、任务重是给员工造成压力的重要原因，各部门可以根据员工的工作性质实行新的工作方式。

2. 通过培训提高员工的自信

面对知识更新速度的加快，无论是高层员工还是一般员工，当今信息与技术等现代知识的更新迭代，都是无形的挑战。企业对员工缓解压力和减少不安的最直接有效的方法，便是主动去了解员工知识需要、技术掌握情况，并且设法提升每一个员工自身的能力。

通过开展培训等途径提升员工的职业能力和职业竞争力，是一个重要选项，一旦员工对新知识"会了""熟了""清楚了"，能力提高了，员工的自信心自然会增强，成就感自然会增加，员工的快乐与幸福指数也会上升。

3. 积极应对员工抱怨

员工一旦产生不满，就可能会抱怨，部门负责人要认真应对员工抱怨，只有处理好了员工的抱怨，才能使他们开心愉快地投入工作中去。

4. 开展员工心理援助计划

员工心理援助计划的简称是EAP（employee assistance program），以应用心理学为技术支撑，以管理学为最终的落脚点，其最终目的是帮助解决员工的各种心理和行为问题，促进员工心理健康，提高员工的工作绩效，提升人力资本价值。

员工心理援助的内容及作用具体如图9-24所示。

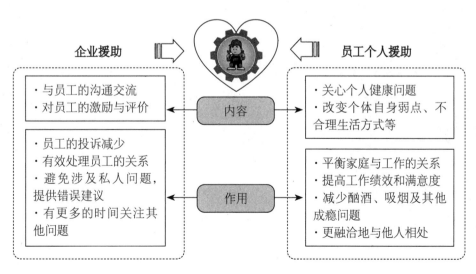

图9-24 员工心理援助的内容及作用

5. 加强员工自杀危机干预

（1）建立自杀危机干预的目标。在确定某位员工有自杀倾向时，部门负责人需要制定危机干预的目标。一般自杀危机干预有长期目标和短期的目标，具体如图9-25所示。

长期目标	短期目标
（1）缓和自杀冲动和念头，使员工恢复到以前的日常生活状态 （2）介绍并在可能的情况下促使员工接受适当的专业帮助，以消除自杀危机	（1）公开讲述企业对员工的关心程度 （2）辨别引发员工自杀倾向的各种生活因素和刺激事件 （3）理解并表达在自杀意念下可能产生的影响、情感和想法 （4）恢复连续出勤工作的记录

图 9-25　自杀危机干预目标

（2）进行治疗性干预。治疗性干预是指部门负责人在员工出现自杀危机后，采取一定的针对性措施实施干预，一般治疗性干预需要企业领导和员工的支持。

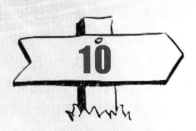

第十章

生产事故
应急与处理

情景导入

学员们进入教室，就看到杨老师的课程PPT已经放出来了，屏幕正中非常显眼的"生产事故应急管理"映入眼帘。

杨老师待学员们落座，就直奔主题："今天我们要学习生产事故应急管理，请问你们公司有没有应急管理？"

"我们公司还真没有应急管理。"学员小罗回答。

"我们公司倒是开展过应急活动，但不是很系统。"学员小梁回答。

"应急管理是对于特重大事故灾害提出的，一般规模大的、管理规范的公司才会有，像我所在的小公司没有考虑过这一点。"小杨也迫不及待地发言。

"好的，谢谢大家提供的信息。看来有这么多事故发生，以及事故发生后的抢救不及时是有原因的。有很多企业没有按要求认真去抓应急救援工作，因而在发生事故后，不能有效地开展救援工作。要实施精益安全管理，就必须抓好事故应急救援工作。我们今天在此举行应急管理专题培训，其目的就是提高我们预防和减少突发事件的发生，控制、减轻和消除突发事件引起的危害的管理水平。"

杨老师说完这番话，继续问："谁能解释一下什么是应急管理？"

"我！"小朱举手说，"不过，杨老师，我的答案是百度搜索来的。应急管理是在应对突发事件的过程中，为了预防和减少突发事件的发生，控制、减轻和消除突发事件引起的危害，基于对突发事件的原因、过程及后果进行分析，有效集成社会各方面的资源，对突发事件进行有效预防、准备、响应和恢复的过程。"

"很好！平时有求知欲，上百度搜索也是不错的。"杨老师肯定了小朱。

接下来，杨老师继续讲："应急救援的工作内容很多，一是要成立应急救援组织，制定可操作性强的预案，并做好相应的物质准备，做到有备无患；二是进行演练，通过演练检验预案是否可行，并修正不足；三是进行救援教育。让每个岗位、每个人都知道发生事故后自己该做什么，做到忙而不乱，进退有序。

大家也要清楚事故的认定标准，一旦事故发生了，对于工伤事故的认定和调查，我们都必须与相关部门配合好，同时也要及时地分析生产事故原因，以防止同样的问题再发生……"

第一节　生产事故应急管理

一、建立应急救援组织

为确保企业在生产安全事故发生时能够及时、有效地实施应急救援，防止事故的事态扩大，最大限度地减少人员伤亡和财产损失，企业应成立安全生产应急救援机构。

1. 组织体系

企业应依据规模大小和突发环境事件危害程度的级别，设置分级应急救援的组织机构。企业应成立应急救援指挥部，依据企业自身情况，车间可成立二级应急救援指挥机构，生产工段可成立三级应急救援指挥机构。尽可能以组织结构图的形式将构成单位或人员表示出来。

2. 指挥机构组成

（1）企业应明确由企业主要负责人担任指挥部总指挥和副总指挥，环保、安全、设备等部门组成指挥部成员单位。

（2）车间应急救援指挥机构由车间负责人、工艺技术人员和环境、安全与健康人员组成。

（3）生产工段应急救援指挥机构由工段负责人、工艺技术人员和环境、安全与健康人员组成。

（4）应急救援指挥机构根据事件类型和应急工作需要，可以设置相应的应急救援工作小组，并明确各小组的工作职责。

3. 指挥机构的主要职责

（1）贯彻执行国家、当地政府、上级有关部门关于环境安全的方针、政策及规定。

（2）组织制定突发环境事件应急预案。

（3）组建突发环境事件应急救援队伍。

（4）负责应急防范设施（备）（如堵漏器材、环境应急池、应急监测仪器、防护器材、救援器材和应急交通工具等）的建设，以及应急救援物资，特别是处理泄漏物、消解和吸收污染物的化学品物资（如活性炭、木屑和石灰等）的储备。

（5）检查、督促做好突发环境事件的预防措施和应急救援的各项准备工作，督促、协助有关部门及时消除有毒有害物质的跑、冒、滴、漏。

（6）负责组织预案的审批与更新（企业应急指挥部负责审定企业内部各级应急预案）。

（7）负责组织外部评审。

（8）批准本预案的启动与终止。

（9）确定现场指挥人员。

（10）协调事件现场有关工作。

（11）负责应急队伍的调动和资源配置。

（12）突发环境事件信息的上报及对可能受影响区域的通报工作。

（13）负责应急状态下请求外部救援力量的决策。

（14）接受上级应急救援指挥机构的指令和调动，协助事件的处理；配合有关部门对环境进行修复、事件调查、经验教训总结。

（15）负责保护事件现场及相关数据。

（16）有计划地组织实施突发环境事件应急救援的培训，根据应急预案进行演练，向周边企业、村落提供本单位有关危险物质特性、救援知识等宣传材料。

在明确企业应急救援指挥机构职责的基础上，应进一步明确总指挥、副总指挥及各成员单位的具体职责。

二、应急保障措施要到位

1. 经费及其他保障

企业应明确应急专项经费（如培训、演练经费）来源、使用范围、数量和监督管理措施，保障应急状态时单位应急经费的及时到位。

2. 应急物资装备保障

企业应明确应急救援需要使用的应急物资和装备的类型、数量、性能、存放位置、管理责任人及其联系方式等内容。某企业应急仓库的应急物资装备如图10-1和图10-2所示。

图 10-1　某企业应急仓库的应急物资装备（一）

图 10-2　某企业应急仓库的应急物资装备（二）

3.应急队伍保障

企业应明确各类应急队伍的组成，包括专业应急队伍、兼职应急队伍及志愿者等社会团体的组织与保障方案。

4.通信与信息保障

企业应明确与应急工作相关联的单位或人员通信联系方式，并提供备用方案。建立信息通信系统及维护方案，确保应急期间信息通畅。同时，应根据本企业应急工作需求而确定其他相关保障措施（如交通运输保障、治安保障、技术保障、医疗保障、后勤保障等）。

下面提供几份应急处理的表单，供读者参考。

【精益范本1】▶▶

应急救援设备、设施清单

序号	设备、设施名称	数量	完好程度	保管人

编制：　　　　　　　　　　　　　　　　　　　　　　　日期：

【精益范本2】▸▸▸

应急处理（急救箱物品）登记表

序号	急救箱中放置的物品	数量	物品使用情况	补充情况	补充时间

编制：　　　　　　　　　　　　　　　　　　　　　　　　　日期：

【精益范本3】▸▸▸

应急救援设备、设施检查与维护记录

序号	设备、设施名称	检查结果	是否需要维护	检查人	检查时间

三、加强应急培训

企业应制订应急培训计划，采用各种教学手段和方式，如自学、讲课、办培训班等，加强对各有关人员抢险救援的培训，以提高事故应急处理能力。

1. 应急培训的主要内容

应急培训的主要内容包括：法规、条例和标准、安全知识、各级应急预案、抢险维修方案、本岗位专业知识、应急救护技能、风险识别与控制、基本知识、案例分析等。

根据培训人员层次不同，教育的内容要有不同的侧重点，如图10-3所示。

 安全法规
法规教育是应急培训的核心之一，也是安全教育的重要组成部分。通过教育使应急人员在思想上牢固树立法治观念，明确"有法必依、照章办事"的原则

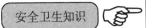 安全卫生知识
主要包括：火灾、爆炸基本理论及其简要预防措施；识别重大危险源及其危害的基本特征；重大危险源及其临界值的概念；化学毒物进入人体的途径及控制其扩散的方法；中毒、窒息的判断及救护等

 安全技术与抢修技术
在实际操作中，将所学到的知识运用到抢修工作中，进行安全操作，事故抢修、抢险工具的操作，消防器材的使用等培训

 应急救援预案的主要内容
使全体职工了解应急预案的基本内容和程序，明确自己在应急过程中的职责和任务，这是保证应急救援预案能快速启动、顺利实施的关键环节

图 10-3　应急培训内容的侧重点

2. 企业应急培训的对象

企业应急培训的对象及内容如表10-1所示。

表 10-1　企业应急培训的对象及内容

序号	培训对象	培训重点	备注
1	企业领导和管理人员	（1）执行国家方针、政策 （2）严格贯彻安全生产责任制 （3）落实规章制度、标准等	要负责企业的安全生产，负责制定和修订企业的事故应急预案，在应急状况下组织指挥抢险救援工作
2	企业全体职工	（1）树立法律意识，遵章守纪 （2）应急预案的基本内容和程序 （3）严格执行安全操作规程 （4）与生产有关的安全技术 （5）自救和互救的常识及基本技能等	所有的员工都应通过培训熟悉并了解自己所在的岗位的应急预案的内容，知道启动应急预案后自己所承担的相应职责和工作。使员工能够在实际操作中，应用所学到的知识，提高安全生产操作和处理、控制事故的技能
3	应急抢险人员	（1）熟悉应急预案的全部内容，各种情况的维修和抢险方案 （2）熟练掌握本单位或部门在应急救援过程中所应用器具、装备的使用及维护，掌握和了解重大危害及事故的控制系统 （3）有关安全生产方面的规章制度、操作规程、安全常识 （4）应急救援过程中的自身安全防护知识，防护器具的正确使用	（1）专职应急抢险人员是发生事故时应急抢险的主力军，因此要大力加强技术培训工作 （2）抢险人员要熟悉应急预案的每一个步骤和自己的职责，切实做到临危不乱 （3）应急救援人员需要进行定期培训、定期考核，注重培训实效

序号	培训对象	培训重点	备注
3	应急抢险人员	（5）本企业所辖的管道线路、站场、阀室、附属设施及周边自然和社会环境的相关信息 （6）事故案例分析等	

3.应急培训的要求

企业需要对所有员工进行应急预案相应知识的培训（图10-4和图10-5），应急预案中应规定每年每人应进行培训的时间和方式，定期进行培训考核。考核应由上级主管部门和企业的人事管理部门负责。学习和考核的情况应有记录，并作为企业管理考核的内容之一。

图10-4　应急训练内容做成宣传栏

图10-5　宣传应急演练的标语

第二节　生产事故的认定与处理

事故往往具有突然性，因此员工在事故发生后要保持头脑清醒，切勿惊慌失措，以免扩大生产和人员的损失及伤亡。

一、事故的认定

1. 事故性质

员工伤亡事故的性质按与生产的关系程度分为因工伤亡和非因工伤亡两类。其中属于因工伤亡的事故包括：

（1）员工在工作和生产过程中的伤亡；

（2）员工为了工作和生产而发生的伤亡；

（3）由于设备和劳动条件的问题引起的伤亡（含不在工作岗位）；

（4）在厂区内因运输工具问题造成的伤亡。

2. 事故的认定

根据工伤事故的伤害程度不同，工伤事故可分为轻伤事故、重伤事故、死亡事故，如图10-6所示。

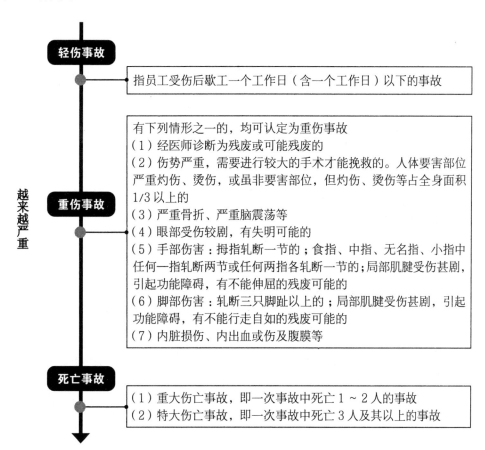

图 10-6　工伤事故分类

二、工伤事故的处理

1. 处理程序

发生工伤时，负伤人员或最先发现的人应立即报告直接管理人员，并进行相应处理，见图10-7。

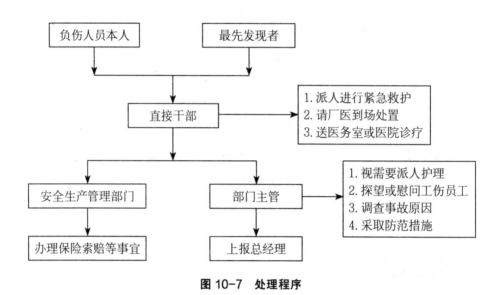

图 10-7　处理程序

2. 事故紧急处理措施

事故发生后，按如图10-8所示顺序处理。

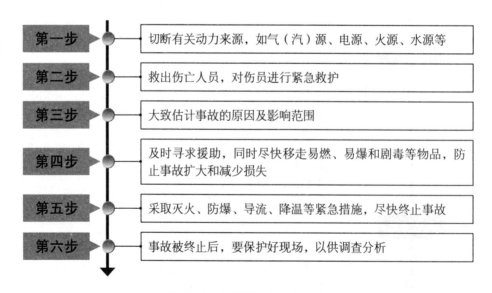

图 10-8　事故紧急处理的顺序

三、事故的调查

事故的调查主要是为了弄清事故情况，从思想、管理和技术等方面查明事故原因，从中吸取教训，防止类似事故重复发生。

1. 搜集物证

（1）现场物证包括破损部件、碎片、残留物。

（2）应将在现场搜集到的所有物件贴上标签，注明地点、时间、现场负责人。

（3）所有物件应保持原样，不准冲洗、擦拭。

（4）对具有危害性的物品，应采取不损坏原始证据的安全防护措施。

2. 记录相关材料

（1）发生事故的部门、地点、时间。

（2）受害人和肇事者的姓名、性别、年龄、文化程度、技术等级、工龄、工资待遇。

（3）事故当天，受害人和肇事者什么时间开始工作，工作内容、工作量、作业程序、操作动作（或位置）。

（4）受害人和肇事者过去的事故记录。

3. 收集事故背景材料

（1）事故发生前设备、设施等的性能和维修保养状况。

（2）使用何种材料，必要时可以进行物理性能或化学性能实验与分析。

（3）有关设计和工艺方面的技术文件、工作指令和规章制度及执行情况。

（4）工作环境状况，包括照明、温度、湿度、通风、噪声、色彩度、道路状况，以及工作环境中有毒、有害物质取样分析记录。

（5）个人防护措施状况，其有效性、质量如何，使用是否规范。

（6）出事前受害人或肇事者的健康状况。

（7）其他可能与事故致因有关的细节或因素。

4. 搜集目击者材料

要尽快从目击者那里搜集材料，而且对目击者的口述材料，应认真考证其真实程度。

5. 拍摄事故现场

（1）拍摄残骸及受害者的照片。

（2）拍摄容易被清除或被践踏的痕迹，如刹车痕迹、地面和建筑物的伤痕、火灾引起的损害、下落物的空间等。

（3）拍摄事故现场全貌。

6. 填写安全事故报告书

在调查后要填写安全事故报告书（表10-2），将相关信息进行汇报，如图10-9和图10-10所示。

表 10-2　安全事故报告书

事故内容			
发生单位		发生地点	
见证人		事故者	
发生日期	年　月　日	发生时间	
发生原因			
事故状况			
处置方式			责任者：
责任分析			责任者：
根本对策			责任者：
追踪检查			责任者：

认可：　　　　　　　　　　审核：　　　　　　　　　　审核制表：

图 10-9　某工厂事故报告

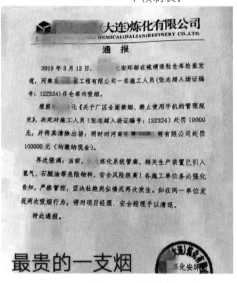

图 10-10　某企业生产事故通报

四、分析生产事故

对于已经发生的安全事故，在调查基础上要认真分析，以便于分清事故责任和提出有效改进措施。

1. 具体分析内容

（1）受伤部位。

（2）受伤性质。

（3）起因物。

（4）致害物。

（5）伤害程度。

（6）设备不安全状态。

（7）操作人员的不安全行为。

2. 分析事故原因

在分析事故原因时，应从直接原因（指直接导致事故发生的原因）入手，逐步深入到间接原因方面，找出事故的主要原因，从而掌握事故的全部原因，分清主次，进行事故责任分析。

（1）直接原因。主要包括机械、物质或环境的不安全状态和人的不安全行为。

（2）间接原因。即直接原因得以产生和存在的原因，一般属于管理上的原因，主要有：

① 技术上和设计上有缺陷，如工业构件、建筑物、机械设备、仪器仪表、工艺过程、操作方法、维修检验等的设计、施工和材料使用存在的问题；

② 对操作人员的教育培训不够，未经培训、缺乏或不懂安全操作技术知识的人员在岗作业；

③ 劳动组织不合理；

④ 对现场工作缺乏检查或指导错误；

⑤ 没有安全操作规程或安全操作规程不全面；

⑥ 没有或不认真实施防范措施，对事故隐患整改不力；

⑦ 其他管理上的原因。

3. 事故责任分析

对事故责任分析，必须以严肃认真的态度对待。要根据事故调查所确认的事实，通过对直接原因和间接原因的分析，确定事故的直接责任者和领导责任者。然后在此基础上，在直接责任和领导责任者中，根据其在事故发生过程中的作用，确定事故的主要责任者。最后，根据事故后果和责任者应负的责任提出处理意见和防范措施建议。

4. 计算伤害率

有时企业需向上级主管部门上报事故伤害率，同时自己也要对事故发生的频率、严重程度进行统计，因此需计算下列比率。

（1）伤害频率。

伤害频率表示某时期内，每百万工时事故造成伤害的人数。伤害人数指轻伤、重伤、死亡人数之和，其计算公式为

$$伤害频率 = （伤害人数 \div 百万工时）\times 100\%$$

（2）伤害严重程度。

表示某时期内，每百万工时事故造成的损失工作日数，其计算公式为

$$伤害严重程度 = （损失工作日数 \div 百万工时）\times 100\%$$

（3）千人死亡率。

表示某时期内，每千名员工中因工伤事故造成的死亡人数，其计算公式为

$$千人死亡率 = （死亡人数 \div 1000）\times 100\%$$

（4）千人重伤率。

表示某时期内，每千名员工因工伤事故造成的重伤人数，其计算公式为

$$千人重伤率 = （重伤人数 \div 1000）\times 100\%$$